DIANWANG GONGCHENG JIANSHE YUSUAN BIANZHI YU JISUAN GUIDING SHIYONG ZHINAN

(2013年版)

电网工程建设预算编制与计算规定使用指南

电力工程造价与定额管理总站 编

图书在版编目（CIP）数据

电网工程建设预算编制与计算规定使用指南：2013年版/电力工程造价与定额管理总站编. —北京：中国电力出版社，2016.2（2016.3重印）

ISBN 978-7-5123-8866-6

Ⅰ. ①电… Ⅱ. ①电… Ⅲ. ①电网－电力工程－预算编制－指南 ②电网－电力工程－工程造价－指南 Ⅳ. ①TM7-62

中国版本图书馆CIP数据核字（2016）第019631号

中国电力出版社出版、发行

（北京市东城区北京站西街19号 100005 http://www.cepp.sgcc.com.cn）

三河市万龙印装有限公司印刷

*

2016年2月第一版 2016年3月北京第二次印刷

850毫米×1168毫米 32开本 9.5印张 215千字

印数3001—8000册 定价**70.00**元

前　言

2013年8月，国家能源局以国能电力〔2013〕289号文批准了《电力建设工程定额和费用计算规定（2013年版）》，为了使广大从业人员尽快了解、熟悉和掌握《电网工程建设预算编制与计算规定（2013年版）》（简称《预规》），电力工程造价与定额管理总站组织编制了《电网工程建设预算编制与计算规定使用指南（2013年版）》（简称《使用指南》）。

《使用指南》能够有效帮助大家正确理解和使用新版定额及《预规》，依规合理计取各项费用。《使用指南》重点就定额总体价格水平的确定，各项费用的项目设置，各项目的计算公式和计算标准以及它们在使用过程中应注意的问题等，作了较为详尽的阐述和说明。其主要内容包括修编概述（编制过程、主要特点、修编原则、主要变化）、总则、术语、建设预算费用构成与计算规定、建设预算费用性质划分、建设预算项目划分、建设预算编制办法、进口设备工程费用计算办法等几个部分。另外，为便于使用者更好地了解和学习国家有关工程造价方面的法律、法规、政策，促进其提高独立思考和解决工作中相关问题的能力，在《使用指南》最后部分以附录形式列出了近期国家有关行政主管部门颁发的文件供大家参考。

本书在编写过程中，先后以多种形式进行了广泛的意见征求，认真听取和采纳了多方意见和建议，对本书的顺利完成打下了坚实基础。在此，谨对为本书编写工作付出辛勤努力和给予无私帮助的单位及个人表示由衷的谢意。书中难免存在疏漏和不当之处，敬请批评指正。

意见反馈电话：010-63413148

邮箱：dongshibo666@163.com

本书由电力工程造价与定额管理总站负责解释。

主要编写人：郭玮、董士波、周慧、顾爽、曹妍、薛崧、郭金颖。

主要审查人：任长余、赵奎运、杨建、赵晓芳、史哲、温卫宁、谢榕昌、谭毅、俞敏、马卫坚、陈萍、童汝俊、吴雅琼。

目　　次

第一章　修编概述

为了适应技术快速进步的要求，科学反映工程设计与“新设备、新材料、新工艺”条件下工程建设中各生产要素消耗数量的变化，动态跟进与及时调整要素市场价格，并将国家最新的有关工程造价管理方面的法律、法规、规章、制度和标准及时落实到电力工程计价依据体系当中，促进电力建设工程造价的合理确定与有效控制。根据国家发展改革委发改办能源〔2006〕427号文、原国家经贸委国经贸电力〔2001〕712号文及国家能源局国能电力〔2013〕501号文的要求，电力工程造价与定额管理总站（简称定额总站）组织编制完成了《电网工程建设预算编制与计算规定（2013年版）》《火力发电工程建设预算编制与计算规定（2013年版）》（即新预规）和《电力建设工程概算定额　建筑工程》《电力建设工程概算定额　热力设备安装工程》《电力建设工程概算定额　电气设备安装工程》《电力建设工程概算定额　调试工程》《电力建设工程概算定额　通信工程》《电力建设工程预算定额　建筑工程》《电力建设工程预算定额　热力设备安装工程》《电力建设工程预算定额　电气设备安装工程》《电力建设工程预算定额　输电线路工程》《电力建设工程预算定额　调试工程》《电力建设工程预算定额　通信工程》《电力建设工程预算定额　加工配制品》，于2013年8月由国家能源局以国能电力〔2013〕289号文批准颁布，自2014年1月1日起实施。

一、编制过程

（1）2010年3月5日，定额总站在杭州召开编制工作启动会，成立本规定修编组，提出编制方案，并于 3 月 20 日，发文向全国函调征询对 2006 版预规的修改意见和建议。

（2）2010 年 7 月初，定额总站完成了全国对 2006 版预规函调反馈意见与建议的初步整理工作，经分析、归并后，形成 325 条意见。并确定了新预规编制的工作方案、编制原则和编制大纲。

（3）2010 年 8 月中下旬，编制组结合函调意见，开始进行走访调研收资，先后走访了 18 个省、自治区和地市的有关单位，取得了第一手的资料后，按计划开始了分头编制工作。并于 9 月中旬在沈阳开展第一次集中工作，经过认真协调和研究，并于月底完成新预规的初稿编制。

（4）2010 年 9 月底，编制组先后将初稿向有关建设单位、施工单位、设计单位分别征求意见，并在北京召开第一次意见征询会议，共收到各种意见 152 条，会后进行进一步修改。

（5）2010 年 10 月初，在北京召开第二次征求意见会，整改各方提出意见 82 条。并形成新的征求意见稿。

（6）2010 年 10 月下旬，将新预规向全国征求意见。截止到 11 月 25 日，接到反馈意见 101 条，经进一步整理后，形成送审稿。

（7）2010 年 12 月～2011 年 1 月中旬，又经历两次全国性的专家审查会，与会专家经过详细审查与讨论，认为新预规的费用项目设置合理、内容涵盖齐全、文字表述准确、费用测算水平符合工程实际，费用计算与管理的操作性强，基本满足电力体制改革后电网、发电项目建设管理的需要，同时，与会专家也对该送审稿提出了进一步修改意见和建议。经修改后，形成报批稿。

（8）2012 年 6 月～2013 年 8 月，经历 3 次大范围的修改和若干次调整，最终于 2013 年 10 月末定稿、出版。

（9）为保证各项费用制定的科学合理，定额总站先后就安全文明施工费、建设项目法人管理费、项目前期工作费、设备（材料）监造费、工程监理费、设计文件评审费的计算标准等问题召集相关部门和企业进行了专题研讨，并形成了相关专题研究报告，最后达成广泛一致意见。

二、新预规修编的主要特点

（一）传承性与创新性相结合

本次修编是以 2006 版预规为基础，为保持计算规则和使用习惯的连续性，新预规基本上维持和延续了老版的总体框架和结构，但也结合当前电力体制改革、项目管理模式、工程技术发展以及实际管理工作的需要，对一些费用项目的设置、范围界定和费用计算标准及各种表格做了改进和创新，以方便建设项目管理的需要和新预规的使用。

（二）规范性与实效性相结合

新预规在费用项目设置和具体内容上充分考虑了近年国家出台的相关法律、法规、政策等相关要求；在费用计算方面尽可能满足目前国家关于社会保险和安全文明等相关规定和要求。在建设预算编制规则、项目及费用性质划分方面，充分考虑了技术进步、设计专业的图纸卷册划分方式、项目管理方式和招投标工作模式，基本做到了与目前电力建设项目管理方式相一致。另外，在第二章中将各项费用按照层级进行重新编排，明确层级码，层次更加清晰和明了。

（三）兼顾与工程量清单计价规范的衔接

工程量清单计价是国际通行的模式，因其管理方便、高效，易于进行过程控制，纠纷争议相对较少而被广泛采用，目前国家和行业都在大力推广和应用该模式进行工程造价管理。因此，在新预规修编过程中，对工程项目划分、工程量计算规则和费用项目设置等相关内容均做了必要的衔接与调整。

（四）与定额体系保持一致

预规是有关电力工程建设预算的费用构成与费用计算标准、费用性质、项目划分及有关编制办法的基础性规定，是指导定额正确使用并发挥作用的指导性文件。因此，新预规在修编过程中，特别注重体系的完整性和一致性。通过与定额修编的全过程互动，新预规在项目划分、费用计算模型、费用计算程序和价格水平等方面，与各册定额保持了高度一致，有效避免了争议和纠纷的发生。

三、本次修编的主要原则

（1）采用了规范化的编排格式，内容包括正文和附录两部分。

（2）在费用项目和内容上充分考虑了截止到2013年国家现行相关法律、法规，以及国家各行政主管部门颁发的行政规章。

（3）在费用标准方面充分考虑了国家关于社会保险、劳动保护、安全文明施工、健康环境等规定、标准和规范。

（4）在建设预算的编制规则和项目划分方面，采用电力规划设计总院牵头编制的《项目划分导则》《可研、初设和施工图预算编制导则》，已充分考虑了设计专业的图纸卷册划分方式、项目管理模式和招投标工作模式。

（5）汲取了以往各版《电力工业基本建设预算管理制度及规定》和预规的编制经验和内容精华，保持了电力工程建设预算管理体系的继承性和延续性。

四、新预规与2006版预规的对比

（一）费用构成的对比

新预规在项目投资构成上与国家新颁布的《建设项目经济评价方法与参数（第三版）》保持一致。因动态投资部分没有发生变化，因此，此处只比较电网工程建筑安装工程费、其他费用和基本预备费。

1．电网工程建筑安装工程费用

编号	2006 版预规	2013 版预规	说　明
一	直接费	直接费	
1	直接工程费	直接工程费	
(1)	人工费	人工费	
(2)	材料费	材料费	
(3)	施工机械使用费	施工机械使用费	
2	措施费	措施费	
(1)	冬雨季施工增加费	冬雨季施工增加费	
(2)	夜间施工增加费	夜间施工增加费	
(3)	施工工具用具使用费	施工工具用具使用费	
(4)	特殊地区施工增加费	特殊地区施工增加费	
(5)	临时设施费	临时设施费	
(6)	施工机构转移费	施工机构迁移费	名称变化
(7)	安全文明施工措施补助费	安全文明施工费	名称和内容均有变化
二	间接费	间接费	
1	规费	规费	
(1)	社会保障费	社会保险费	增加了“工伤保险和生育保险”两项费用内容
(2)	住房公积金	住房公积金	
(3)	危险作业意外伤害保险费	危险作业意外伤害保险费	
2	企业管理费	企业管理费	内容调整
3		施工企业配合调试费	位置移动
三	利润	利润	
四	税金	税金	内容增加

2. 电网工程其他费用

编号	2006 版预规	2013 版预规	说　明
一	建设场地征用及清理费	建设场地征用及清理费	
1	土地征用费	土地征用费	
2	施工场地租用费	施工场地租用费	
3	迁移补偿费	迁移补偿费	
4	余物清理费	余物清理费	
5	送电线路走廊施工赔偿费	输电线路走廊施工赔偿费	
6	通信设施防输电线路干扰措施费	通信设施防输电线路干扰措施费	增加“油、气等管道防输电线路干扰赔偿的费用”的内容
二	项目建设管理费	项目建设管理费	
1	项目法人管理费	项目法人管理费	具体项目内容发生调整和变化
2	招标费	招标费	费用内容调整
3	工程监理费	工程监理费	
4	设备监造费	设备监造费	
5		工程结算审核费	由法人费中调整到此处
6	工程保险费	工程保险费	费用来源调整
三	项目建设技术服务费	项目建设技术服务费	
1	项目前期工作费	项目前期工作费	内容有增加
2	知识产权转让与研究试验费	知识产权转让与研究试验费	
3	勘察设计费	勘察设计费	
4	设计文件评审费	设计文件评审费	增加“施工图审查费”
5	项目后评价费	项目后评价费	

（续）

编号	2006 版预规	2013 版预规	说　明
6	工程建设监督检测费	工程建设检测费	费用内容有调整
7	电力建设标准编制管理费	电力建设技术经济标准编制管理费	
8	电力工程定额编制管理费		删除
四	分系统及整套启动试运费		删除
1	分系统调试费		删除
2	整套启动试运费		删除
3	施工单位配合调试费		调整到“间接费”项下
五	生产准备费	生产准备费	
1	管理车辆购置费	管理车辆购置费	
2	工器具及办公家具购置费	工器具及办公家具购置费	
3	生产职工培训及提前进场费	生产职工培训及提前进场费	
六	大件运输措施费	大件运输措施费	
七	基本预备费		
		基本预备费	独立列项

（二）费用项目及内容的变化情况

1. 建筑安装工程费用项目及内容的变化情况

（1）“施工机械使用费”，在费用内容中删除了“养路费”。

（2）“安全文明施工措施补助费”，名称调整为“安全文明施工费”，其中安全生产费、文明生产费和环境保护费等内容均作了大幅调整。

（3）规费中将原“社会保障费”修改为“社会保险费”，费用项目增加了“工伤保险和生育保险”两项内容。

（4）“企业管理费”，增加“提供预付款担保、履约担保、职工工资支付担保”，“施工期间沉降观测、施工期间工程二级测量网维护”等费用内容；取消了“劳动安全卫生检测费、职工死亡丧葬补助费、抚恤费”和“差旅交通费”中的“养路费”等费用项目和内容。

（5）在“间接费”项下增加了“施工企业配合调试费”项目。

（6）在“税金”项下增加了“地方教育费附加”的内容。

2．其他费用项目和内容的变化

（1）“余物清理费”作了较大调整，现只包含对已征用土地范围内建筑物、构筑物清理费用及5km以内的运输装卸费。

（2）在“通信设施防输电线路干扰措施费”中增加了“油、气等管道防输电线路干扰赔偿的费用”的内容。

（3）“设备监造费”中扩大了设备监造的推荐范围，包括串联补偿装置、换流阀、阀组避雷器等主要设备。

（4）“工程结算审核费”，是从原“项目法人管理费”中分离出来的费用项目，在“项目建设管理费”项下独立列项。

（5）“招标费”，在其费用中增加了“工程量清单的编制审查”的内容。

（6）“工程保险费”，取消了“该项费用如果发生，应从基本预备费中列支”的说法。

（7）“前期工作费”，增加了“社会稳定风险评估”等费用内容。

（8）“施工图文件审查费”，是从“项目法人管理费”中分离出来的费用项目，并将其调整到“设计文件评审费”项下。

（9）“设计文件评审费”中，增加了“电缆工程、单独通信工程，换流站工程”的可研评审费和初设评审费费用计算项目，并给出了相应费率。

（10）将原“工程建设监督检测费”和“工程质量监督检测费”项中有关“监督”内容删除，更名为“工程建设检测费”和“电力工程质量检测费”。

（11）“电力工程技术经济标准管理费”，由原“电力建设标准编制管理费”更名而来，费用内容及费率均作了调整。

（12）取消了原“分系统调试费”“整套启动试运费”费用项目。原“分系统调试和整套启动试运费”套用新版调试定额，并将“施工企业配合调试费”调整到“间接费”项下。

（13）“电力工程定额编制管理费”，此项费用取消。

（14）“基本预备费”，将其从“其他费用”中调整出来，使之与“其他费用”并列。

（15）“生产期可抵扣的增值税”，新增加项目内容。

（三）费用项目计算方式及费率的变化情况

（1）调整了“冬雨季施工增加费、临时设施费、施工机构迁移费”的取费费率。

（2）给出了大跨越和电缆工程“夜间施工增加费”的取费费率。

（3）调整了“安全文明施工费”的内容及取费费率。

（4）调整了“施工企业配合调试费”的取费方式及费率。

（5）调整了“余物清理费”的计费方式。

（6）降低了“项目法人管理费”的取费费率。

（7）调整了“招标费”的取费基数和费率。

（8）调整了“项目前期工作费”的取费费率和计费基数。

（9）调整了“工程监理费”的取费费率和电缆工程的取费基数。

（10）调整了“设备监造费”的取费费率。

（11）调整了“特种设备安全监测”的计费方式及费率。

（12）调整了“生产准备费”中各费用项目的取费费率。

（13）增设了输电线路工程“基本预备费”的费用项目和费率。

（四）建筑与安装工程费用性质划分的变化情况

（1）建筑工程费。

1）明确了“照明设施”中含“照明配电箱”，属于建筑工程费。

2）明确了“建筑物的防雷接地”应归为建筑工程费。

3）将消防设施中的“探测报警装置”划入建筑工程费。

（2）安装工程费。在“系统集中控制装置安装”中增加了“消防控制装置”，属于安装工程费。

（3）设备与材料的划分。

1）明确了“不是随设备供货的封闭母线、共箱母线”应属于材料。

2）明确了“35kV 及以上高压穿墙套管”属于设备。

3）进一步明确了“建筑工程中给排水、采暖、通风、空调、消防、采暖加热（制冷）站（或锅炉）的风机、空调机（包括风机盘管）和水泵”属于设备。

（4）将原“送电线路工程”拆分为“架空线路工程”和“电缆线路工程”，并将“电缆线路工程”进一步划分为“电缆建筑工程”和“电缆安装工程”。

（五）建设预算项目划分的主要变化

（1）将原三级项目划分中的第一级“扩大单位工程”修改为“单项工程”，其他两级项目划分未变。

（2）各类站项目划分的主要变化。

1）增加了“开关站工程项目划分”和“静止无功补偿工程项目划分”。

2）对在变电站、开关站、换流站等工程中的建筑工程项目划分里的“消防系统”，将其从原来的“辅助生产工程”中平移到“主要生产工程”中。

3）在变电站、开关站、换流站等工程的安装工程项目划分中增加了“全站调试”，取消了原来其他费用项目划分中的相应项目。

4）变电站、开关站、换流站工程项目划分中增加了串联补偿装置、静止无功补偿装置、智能化设备等部分内容。

5）永临结合的站外电源及站外通信线路工程列入安装工程，临时施工电源及施工通信线路工程列入建筑工程。

（3）输电线路工程项目划分的主要变化。

1）重新界定和划分了一般线路本体工程的项目划分。

2）取消了“送电线路辅助设施工程项目划分”（可参照变电工程的辅助生产工程的项目划分）。

3）将原“电缆线路工程项目划分”拆分为两部分。

4）增加了“水下电缆输电线路工程项目划分”的内容。

（4）通信工程项目划分的主要变化。

1）将与站址有关的单项工程作了重新划分。

2）将通信线路工程进一步划分。

3）根据新定额的变化，将安装工程新增内容，重新进行了项目划分。

（六）“建设预算编制办法”和“进口设备工程费用计算方法”两部分的变化情况

“建设预算编制办法”和“进口设备工程费用计算方法”两部分与2006版预规基本一致。

五、新预规的内容构成

前言

1　总则

2　术语

2.1　一般术语

第二章 总　　则

一、为规范电网工程建设预算的编制和计算规则，合理确定工程造价，提高投资效益，维护工程建设各方的合法权益，促进电力建设事业健康发展，制定本预规。

【条文解析】此条为编制目的。按照国家住房与城乡建设部建标〔2008〕182 号文的要求“在编写工程建设管理规定、标准、规程及规范时，应首先明确编制目的和编制依据”。

二、电网工程建设预算的费用构成与计算、费用性质划分、建设预算项目划分、建设预算编制方法以及建设预算的计价格式等执行本预规。

【条文解析】此条明确了本规定所包含的主要内容。按照国家能源局国能电力〔2013〕501 文件的规定，预规应由电力工程造价与定额管理总站负责编制，一经颁布实施，凡有关电网工程建设预算费用构成与计算标准、费用性质划分、建设预算项目划分、建设预算编制方法以及建设预算的计价格式等，必须执行本规定。各级定额与造价管理单位均不得另行制定和发布与此规定相悖的文件和办法。

三、本预规作为电网工程投资估算、初步设计概算、施工图预算和工程量清单的编制和费用计算依据，应与电力建设工程投资估算指标、概算定额、预算定额和工程量清单计价规范配套使用。

【条文解析】此条指明了本规定的重要作用。根据国家有关基本建设项目管理和工程造价管控的有关规定，项目所处不同的建设阶段应有与之深度相适应的配套工程计价依据，预规是指导各阶段计价依据合理正确使用的基础性文件。

四、本预规是编制电网工程招标标底、最高投标限价、投标报价和工程结算的依据，同时也是调解处理工程建设经济纠纷依据。

【条文解析】此条进一步强调了预规在工程建设预算编制中所应起到的主导性作用。在工程建设领域，通过竞争获得工程合同，在项目实施过程中，预规是实现各方公平、科学、合理计价的准绳。

五、本预规适用于 35kV～1000kV 交流输变电（串联补偿）工程，±800kV 及以下直流输电工程、换流站工程，以及通信工程。其他电压等级及类似工程可参照使用。

【条文解析】此条为本规定的适用范围。除适用于交流 35kV～1000kV 输变电（串联补偿）工程，直流±800kV 及以下输电工程、换流站工程，以及通信工程外，其他电压等级及类似工程亦可参照使用。

六、本预规适用于各种投资渠道投资建设的上述范围的新建、扩建和改建工程。

【条文解析】此条为本规定适用的工程项目性质。即本规定适用于各种投资渠道建设的上述范围的新建、扩建和改建工程。

七、国家另有规定的工程按照国家相关规定执行。

【条文解析】此条规定了新预规与国家现行其他管理文件、办法、标准、规程及规范之间的相互关系。

第三章 术　语

本章为术语部分。将在本规定中使用的具有专门意义的名词进行统一定义，以示本名词在本规定中的特定含义。术语对我们正确理解和准确把握其内涵和外延具有重要意义，需要使用者仔细和认真加以研究和理解。本章列出“一般术语”“工程项目划分术语”和“其他术语”，对于建筑安装工程费、设备购置费、其他费用、基本预备费和动态费用等术语将结合第四章内容加以详尽解读。

第一节 一般术语

1．建设预算

建设预算是指以具体的建设工程项目为对象，依据不同阶段设计，根据本预规及相应的估算指标、概算定额、预算定额等计价依据，对工程各项费用的预测和计算。在本预规中，投资估算、初步设计概算和施工图预算统称为建设预算。

2．建设预算文件

建设预算文件是指建设预算经具有相关专业资格人员根据建设预算编制办法进行编制，反映建设预算各项费用的计算过程和结果的技术经济文件。建设预算文件一般包括投资估算书、初步设计概算书和施工图预算书。

3．投资估算

投资估算是指以可行性研究文件、方案设计为依据，按照本预规及估算指标或概算定额等计价依据，对拟建项目所需总投资及其构成进行的预测和计算。经具有相关专业资格人员根据建设预算编制办法进行编制，形成的技术经济文件为投资估算书。

4. 初步设计概算

初步设计概算是指以初步设计文件为依据，按照本预规及概算定额等计价依据，对建设项目总投资及其构成进行的预测和计算。经具有相关专业资格人员根据建设预算编制办法进行编制，形成的技术经济文件为初步设计概算书。

5. 施工图预算

施工图预算是指以施工图设计文件为依据，按照本预规及预算定额等计价依据，对工程项目的工程造价进行的预测和计算。经具有相关专业资格人员根据建设预算编制办法进行编制，形成的技术经济文件为施工图预算书。

6. 工程结算

工程结算是指承、发包双方根据合同约定，对实施中、终止、竣工的工程项目，依据工程资料进行工程量计算和核定，对合同价款进行的计算、调整和确认。工程结算经具有相关专业资格人员根据合同和电力行业工程结算规定进行编制，形成的成品文件为工程结算书。

7. 竣工决算

竣工决算是指建设工程项目完工交付之后，由项目法人单位根据有关规定，将项目从筹划到竣工投产全过程的全部实际费用进行的收集、整理和分析。按照规定格式编制竣工决算，反映建设项目实际造价和投资效果的成品文件为竣工决算书。

第二节 工程项目术语

1. 变电站

变电站是指用于将电能进行汇集、变压和分配的站点，一般由变压器、变电装置、控制保护设备和相关线缆组成。

2．开关站

开关站是指只具备接通开断功能的站点，主要起电能的传输和分配作用。开关站内没有主变压器，只设置开断和控制保护装置，一般是将进线根据需要分成几路馈出。

3．换流站

换流站是指高压直流输电系统中实现电力传输方式交、直流变换的电力设施站点。

4．串联补偿站

串联补偿站是指独立建设的用于提高远距离输电系统传输容量、改善系统稳定性，在输电线路中串联电容器或电抗器进行无功补偿的电力设施站点。

5．通信站

通信站是指独立建设的用于电力系统通信的通信设施站点。

6．输电线路

输电线路是指连接发电厂、变电站（或换流站）以及电力用户，以实现电力远距离输送的电力设施。按照结构形式，输电线路分为架空输电线路和电缆输电线路。

7．架空输电线路

架空输电线路是指以裸导线或绝缘电线为电能输送载体，以杆、塔为主要支撑，露天空中架设的输电线路，也称为架空线路。

8．电缆输电线路

电缆输电线路是指以电力电缆为电能输送载体，直埋于地下或布置在地下沟道、隧道内的用以连接变电站、开关站和用户的输电线路，也称为电缆线路。

9．光缆线路

光缆线路是指用于电力系统通信的由光缆组成光缆线

路。电力系统常用的主要分为与电力线路同塔（杆）架设的光纤复合架空地线光缆（简称 OPGW）和全介质自承式光缆（简称 ADSS）。

10．系统通信

系统通信是指为满足电力系统运行、维修和管理的需要而进行的信息传输与交换设施。电力系统主要有光通信、微波通信和载波通信。

第三节 其他术语

1．项目建设总费用

项目建设总费用是指形成整个工程项目的各项费用总和。

2．建设预算编制基准期

建设预算编制基准期是指建设预算编制时的基准日历时点，在确定建设预算编制基准期时应将时间至少确认到编制基准月份。

3．建设预算编制基准期价格水平

建设预算编制基准期价格水平，也称为“建设预算价格水平”或“基期价格水平”，是指建设预算编制基准期工程所在地的市场价格水平。为便于计算，建设预算编制基准期价格水平取定为由电力工程定额管理部门确认的建设预算编制基准期工程项目所在地的当月平均价格水平。

4．编制基准期价差

编制基准期价差是指建设预算编制基准期价格水平与电力行业定额（造价）管理部门规定的取费价格之间的差额。编制基准期价差主要包括人工费价差、消耗性材料价差、施工机械使用费价差和装置性材料价差。

第四章　建设预算费用构成与计算规定

第一节　一 般 规 定

1．本章规定了建设预算各项费用的构成、计算方法、费率。

【条文解析】本章为本规定的核心内容。主要对建筑安装工程费用和其他费用等项目的设置、计算公式、计算方法以及如何使用作出明确规定。

2．在本预规之外确有必要增列的费用项目，必须以国家行政主管部门、各省（自治区、直辖市）人民政府的规定为依据，经电力行业定额（造价）管理部门核定后计列。

【条文解析】此条明确了除本规定之外确有必要增列的费用项目，必须以国家行政主管部门、各省（自治区、直辖市）人民政府的规定为依据，经电力行业定额（造价）管理机构确认后计列。这里所说的“在本预规之外确有必要增列的费用项目”是指国家行政主管部门发布的、在本规定中没有包括的费用项目，以及各省（自治区、直辖市）政府根据国家相关法律、法规，制定颁布的费用项目。

3．凡未单独给出费用规定的工程项目：开关站、换流站及串联补偿站工程，执行相应电压等级变电站工程费率；电缆线路建筑工程执行建筑或变电建筑工程费率；直流工程执行相应电压等级交流工程费率。

【条文解析】本条给出电网各类建设工程取费的原则和方法。即交流变电（包括串联补偿）工程均执行相应电压等级的变电站工程的费率；电缆建筑工程执行变电站建筑工程费率，电缆安装工程执行电缆线路工程费率；直流工程取费按照以下规定执行：±120kV 直流工程按照交流 110kV 电压等级输变电工程的费率执行，±320kV 直流工程按照交流 220kV 电压等级输变电工程的费率执行，±400kV、±500kV 直流工程按照交流 500kV 电压等级输变电工程的费率执行，±660kV 直流工程按照交流 750kV 电压等级输变电工程的费率执行，±800kV 直流工程按照交流 1000kV 电压等级输变电工程的费率执行。

4．通信站工程费率，适用于独立建设的光端站、载波站、中继站工程，随变电站工程同时建设的通信工程取费执行变电站工程费率。

【条文解析】此条规定了通信站工程取费的原则和方法。即取费表中给出的系统通信工程中所对应的“通信站建筑”和“通信站安装”只适用于独立建设的通信站工程（光通信、微波通信和载波通信）的取费。凡属与输变电工程配套的通信工程，一律执行输变电工程取费费率。另外，调试工程按照项目划分参照输变电安装工程取费。

5．光缆线路工程费率，适用于单独施工的光缆线路工程，随架空输电线路同时架设的光缆工程取费执行架空线路工程费率。

【条文解析】此条规定了通信线路工程取费的原则和方法。即独立建设的通信线路工程（普通光缆、管道光缆、ADSS、通信电缆线路等）应执行光缆线路取费费率。对于随架空线路同时架设的 OPGW、OPPC 等均执行架空线路工程取费费率。

6. 电缆线路工程中，与市政共用的电缆沟、井、隧道及其保护管工程均列入市政工程范围，其费用计算应执行地方市政定额及取费规定。

【条文解析】此条阐明了与市政工程共用的电缆管道工程的定额与费用使用规定。电缆铺设使用到市政新建或已建的沟道、井、隧道等，需要有偿使用或分摊相关费用时，可将此费用列入表一的特殊项目费当中。

7. 凡注明“××及以下”或“××及以内”的，其下限截止至低一挡“××及以下”的上限之上。凡注明“××以下”的，不包括××在内。凡注明“××及以上”的，包括××在内。凡注明“××以上”的，不包括××在内。

【条文解析】此条专指取费表中为明确取费档级而作的说明。

第二节 建设预算费用构成

1. 电网工程建设项目总费用构成

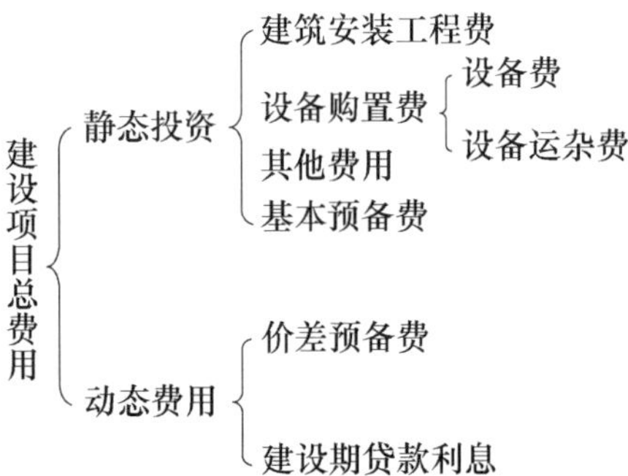

2. 电网工程建筑安装工程费用构成

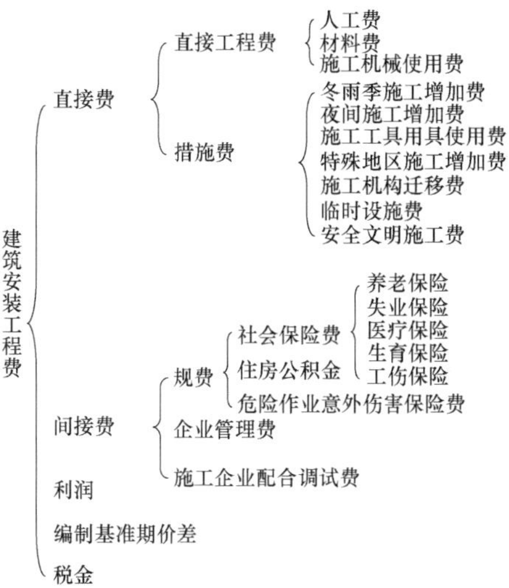

3. 电网工程其他费用构成

- 其他费用
  - 建设场地征用及清理费
    - 土地征用费
    - 施工场地租用费
    - 迁移补偿费
    - 余物清理费
    - 输电线路走廊施工赔偿费
    - 通信设施防输电线路干扰措施费
  - 项目建设管理费
    - 项目法人管理费
    - 招标费
    - 工程监理费
    - 设备监造费
    - 工程结算审核费
    - 工程保险费
  - 项目建设技术服务费
    - 项目前期工作费
    - 知识产权转让与研究试验费
    - 勘察设计费
      - 勘察费
      - 设计费
        - 基本设计费
        - 其他设计费
    - 设计文件评审费
      - 可行性研究设计文件评审费
      - 初步设计文件评审费
      - 施工图文件审查费
    - 项目后评价费
    - 工程建设检测费
      - 电力工程质量检测费
      - 特种设备安全监测费
      - 环境监测验收费
      - 水土保持项目验收及补偿费
      - 桩基检测费
    - 电力工程技术经济标准编制管理费
  - 生产准备费
    - 管理车辆购置费
    - 工器具及办公家具购置费
    - 生产职工培训及提前进场费
  - 大件运输措施费

4. 电网工程基本预备费

5. 电网工程动态费用构成

动态费用 { 价差预备费；建设期贷款利息 }

第三节　建筑安装工程费计算规定

定义：建筑安装工程费由直接费、间接费、利润、编制基准期价差和税金构成。

计算公式：

建筑安装工程费＝直接费＋间接费＋利润＋编制基准期价差＋税金

【使用说明】

（1）根据国家行政主管部门有关规定，建筑安装工程费中，除税金、规费、安全文明施工费和临时设施费为强制性费用外，其余均为竞争性费用。

（2）发生下列情况，按如下原则处理：

1）施工降水排水、施工围堰等防护措施列入临时工程；

2）线路的交叉跨越措施根据定额的相关规定计算；

3）属于工程施工的修路修桥及涵洞加固、封航施工、停电等施工临时措施列入临时工程；

4）属于设备运输的修路修桥及涵洞加固、封航措施、停电等临时措施列入其他费用的大件运输措施费；

5）赶工费用按照谁提出谁负担的原则处理。

一、直接费

直接费是指施工过程中直接耗用于建筑、安装工程产品的各项费用的总和。包括直接工程费和措施费。

计算公式：

直接费＝直接工程费＋措施费

（一）直接工程费

直接工程费是指按照正常的施工条件，在施工过程中耗费的构成工程实体的各项费用。包括人工费、材料费和施工机械使用费。

计算公式：

直接工程费＝人工费＋材料费＋施工机械使用费

【技术说明】对于电力安装工程而言，直接工程费应包括定额直接费（定额人工费、消耗性材料费、施工机械使用费）和装置性材料费；对于电力建筑工程，直接工程费即定额直接费（定额人工费、材料费、施工机械使用费）。

1．人工费

人工费是指直接从事建筑安装工程施工的生产工人开支的各项费用，内容包括：基本工资、工资性补贴、辅助工资、职工福利费、生产工人劳动保护费等。

（1）基本工资。

基本工资是指根据国家相关规定计取的生产人员的岗位工资、岗位津（补）贴、技能工资、工龄工资和工龄补贴等，基本工资应按照规定的标准核定。

（2）工资性补贴。

工资性补贴是指按照规定标准发放的物价补贴，煤、燃气补贴，交通补贴，住房补贴，以及流动施工津贴等。

（3）辅助工资。

辅助工资是指生产人员年有效施工天数以外非作业天数的工资。包括职工学习、培训期间的工资，调动工作、探亲、休假期间的工资，因气候影响的停工工资，病假在六个月以内的工资，以及婚、丧假期间的工资，女工哺乳期间的工资。

（4）职工福利费。

职工福利费是指企业按照工资一定比例提取的专门用于职工福利性补助、补贴和其他福利事业的经费，如书报费、洗理费、取暖费等。

（5）生产人员劳动保护费。

生产人员劳动保护费是指按规定标准发放的劳动保护用品的购置费及修理费，服装补贴，防暑降温及保健费，在有碍身体健康环境中施工的防护费用等。

【使用说明】

（1）本次定额编制，按照国家行业主管部门有关定额编制管理规定的要求，将各册定额用工类别及人工单价均作了对应区分。具体标准是：建筑工程，普通工人 34 元/工日，技术工人 48 元/工日；电气设备安装工程及通信工程，普通工人 34 元/工日，技术工人 53 元/工日；输电线路工程，普通工人 34 元/工日，技术工人 55 元/工日；调试工程，普通工人 34 元/工日，技术工人 75 元/工日。

（2）按照本次定额编制所确定的人工费取定原则，并兼顾今后人工费动态调整都将更趋市场化，所以，取消人工费按照各地区调整工资性补贴的做法。也就是说，今后不再有工资性补贴调整和取费的问题。

（3）根据国家行业主管部门有关规定要求，结合社会主义市场经济发展规律的特点，电力行业 2013 版各册定额人工费将实行年度动态调整。今后每年 1 月 15 日前，电力工程造价与定额管理总站都将测算和发布相应调整系数。具体调整方法见电力工程造价与定额管理总站发布的《关于颁布〈电力建设工程概预算定额价格水平调整办法〉的通知》（定额〔2014〕13 号）文件。

2．材料费

材料费是指施工过程中耗费的主要材料、辅助材料、构配件、半成品、零星材料，以及施工过程中一次性消耗材料及摊销材料的费用。

（1）材料预算价格。

材料预算价格是工程所需材料在施工现场仓库或堆放地点的出库价格。包括材料原价（或供应价格）、材料运输费、保险保价费、运输损耗费、采购及保管费。

1）材料原价。

材料原价（或供应价格）是指材料在供货地点的交货价格。

2）材料运输费。

材料运输费是指材料自供（交）货地点运至工地现场储存仓库或指定堆放地点所发生的运输、装卸费用。

3）保险保价费。

保险保价费是指按照国家行政主管部门有关规定，对交付运输的材料进行保价或向保险公司投保所发生的费用。

4）运输损耗费。

运输损耗费是指材料在运输、装卸过程中发生的不可避免的损耗费用。

5）采购及保管费。

采购及保管费是指在组织采购、供应和保管材料过程中所需要的各项费用，内容包括材料采购费、仓储费、保管费以及仓储损耗费用。

（2）电网安装工程中的材料费包括装置性材料费和消耗性材料费两部分。

1）装置性材料。

装置性材料是指建设工程中构成工艺系统实体的工艺性材料，也称主要材料。装置性材料在概算或预算定额中未计价，也称未计价材料。

2）消耗性材料。

消耗性材料是指施工过程中所消耗的、在建设成品中不体现其原有形态的材料，以及因施工工艺及措施要求需要进行摊销的施工工艺材料，也称辅助材料。消耗性材料在建设预算定额中已经计价，也称计价材料。

【使用说明】

（1）消耗性材料费根据定额规定的原则计算。

（2）按照国家规定，无论是装置性材料还是消耗性材料其价格组成原则上均为预算价格。

由于近年来电力建设工程材料采购方式有了新变化，大致分为三种：第一种是由供货方直接供货到施工现场，其价格是包含了除现场卸车及保管费以外所有费用，只需另计现场卸车和保管费即可（两项费用合计为材料供货价的 2%，其中卸车费为 0.5%、保管费为 1.5%）；第二种是从集中储库配送到施工现场，需另计算配送费；第三种是指消耗性材料，原则上由施工承包方采购，其价格应按照材料预算价组成进行计算。

（3）新版定额对有关材料费的调整方法应按电力工程造价与定额管理总站发布的《关于颁布〈电力建设工程概预算定额价格水平调整办法〉的通知》（定额〔2014〕13 号）中的规定执行。对电网安装工程定额中的消耗性材料费按照发布的相应系数进行调整，对于装置性材料则应根据工程合同价或市场询价、定额总站发布的装置性材料价格进行价差调整；对电网建筑工程材料按照《电力建设工程概预算定额价格水平调整办法》中“附表 4 建筑工程材料价差调整表”中的典型材料品种规格进行价差调整。

3．施工机械使用费

施工机械使用费是指施工机械作业所发生的机械使用费以及机械的安拆和场外移动费用，施工机械使用费内容包括：折旧费、大修理费、经常修理费、安装及拆卸费、场外运费、操作人员人工费、燃料动力费、车船税及运检费等。

（1）折旧费。

折旧费是指施工机械在规定的使用年限内，陆续收回其原值及购置资金的时间价值，按照国家有关规定计提的成本费用。

（2）大修理费。

大修理费是指施工机械按规定的大修理间隔台班进行必要的大修理，以恢复其正常功能所需的费用。

（3）经常修理费。

经常修理费是指施工机械除大修理以外的各级保养和临时故障排除所需的费用。包括为保障机械正常运转所需替换设备、零件的费用，随机配备工具、附具的摊销和维护费用，机械运转中日常保养所需润滑与擦拭的材料费用，以及机械停滞期间的维护和保养费用等。

（4）安装及拆卸费。

安装及拆卸费是指施工机械在现场进行安装与拆卸所需的人工、材料、机械费用，试运转费用，以及辅助设施的折旧、搭设、拆除等费用。

（5）场外运费。

场外运费是指施工机械整体或分体自停放地点运至施工现场或由原施工地点运至另一施工地点所发生的运输、装卸、辅助材料及架线等费用。

（6）操作人员人工费。

操作人员人工费是指机上司机（司炉）和其他操作人员的基本工资、工资性补贴、辅助工资、职工福利费、生产工人劳动保护费等。

（7）燃料动力费。

燃料动力费是指施工机械在运转作业中所消耗的固体燃料（煤、木柴）、液体燃料（汽油、柴油）、气体燃料，以及水、电、气体等所花费的费用。

（8）车船税及运检费。

车船税及运检费是指施工机械按照国家行政主管和地方有关部门的规定，施工机械应缴纳的车船税（费）、保险费及年检（含环保检测）费等。

【使用说明】

（1）关于施工机械台班费中的车船税及运检费：根据《电力建设工程施工机械台班费用定额》中的规定，机械台班单价中未包括车船使用税、保险费、年检费，应根据各省（自治区、直辖市）规定标准在机械价差中予以调整。

（2）关于过路过桥费：变电工程施工机械均在站内运行、工作，不发生过路过桥费用，因此不予考虑；输电线路工程中的运输车辆的相关费用在材机调整系数中考虑。

（3）安拆费及场外运输等费用。在《电力建设工程施工机械台班费用定额》中，安拆费及场外运输等费用按照施工机械种类的不同，分为已计入台班单价、需单独计列和不应计列等三种情况。对于工地间移动较为频繁的小型机械和部分中型施工机械，其安拆费及场外运输等费用已计入台班费当中；对于移动有一定难度的特、大型机械（包括少数中型机械，主要指无自行能力，且需分段运输的吊装机械），其安拆费及场外运输等费用需单独计列，此外还应计算辅助设施（包括基础、底座、固定锚桩、行走轨道枕木等）的折旧、搭拆和拆除等费用；而对于那些不需安装、拆卸且自身又具备开行能力的施工机械和固定在车间不需安装、拆卸及运输的机械，其安拆费及场外运输等费用无需计算。

（4）在电网建设工程施工中，如需要用到大型施工起重机械（需分段运输且没有自行能力）的，可结合工程实际情况和施工组织设计，在正常计算其机械台班费的前提下，另行套用《电力建设工程施工机械台班费用定额》中的附表里的相关子目，计算其“安拆费、场外运输费及轨道铺拆费”项目。计算所得的费用可汇总到“临时工程”项下。

（二）措施费

措施费是指为完成工程项目施工，发生于该工程施工前和施工过程中非工程实体项目的费用。主要包括：冬雨季施工增加费，夜间施工增加费，施工工具用具使用费，特殊地区施工增加费，临时设施费，施工机构迁移费，安全文明施工费。

【计费依据】建设部、财政部《建筑安装工程费用项目组成》（建标〔2003〕206号），《火电、送变电工程建设预算费用构成及计算标准（2002年版）》（国家经贸委〔2002〕16号）。

计算公式：

措施费＝冬雨季施工增加费＋夜间施工增加费
＋施工工具用具使用费＋特殊地区施工增加费
＋临时设施费＋施工机构迁移费
＋安全文明施工费

【使用说明】

（1）本次修编，从措施费项目设置来看，与上版没有变化。但从费率上看，除夜间施工增加费、施工工具用具使用费、特殊地区施工增加费维持原费率不变，安全文明施工费上调外，其余项目均有不同幅度的下调。究其原因，一是因为本次修编所依据的工期定额比上一版大幅缩短；二是定额价格水平总体控制的结果；三是由于目前技术进步和管理水平提高所致。

（2）本规定中的措施费项目与建设部、财政部《建筑安装工程费用项目组成》（建标〔2003〕206号）相比，缺少了部分费用项目，该部分费用的归属如下：

1）二次搬运费：已在定额中综合考虑。

2）大型机械设备进出场及安拆费：按照《电力建设工程施工机械台班费用定额》的规定计算。

3）混凝土、钢筋混凝土模板及支架费（指混凝土施工过程中需要的各种模板、支架等的支、拆、运输费用，以及模板支架的摊销或租赁费用）：已在定额中综合考虑。

4）脚手架费（指施工需要的各种脚手架搭、拆、运输费用，以及脚手架的摊销或租赁费用）：已在定额中综合考虑。

5）已完工程及设备保护费（指竣工验收前，对已完工程及设备进行保护所需的费用）：包括在施工企业管理费中。

6）施工排水、降水费（指为确保工程的正常施工，采取的各种排水、降水措施所发生的费用）：在“与站址有关的单项工程”项下，作为独立项目列入临时工程。

1．冬雨季施工增加费

冬雨季施工增加费是指按照正常的施工组织计划安排及合理工期要求，建筑、安装工程必须在冬季、雨季期间连续施工而需要增加的费用，其内容包括：在冬季施工期间，为确保工程质量而采取的养护、采暖措施所发生的费用；雨季施工期间，采取防雨、防潮措施所增加的费用；以及因冬季、雨季施工增加施工工序、降低工效而发生的补偿费用。

【计费依据】建设部、财政部《建筑安装工程费用项目组成》（建标〔2003〕206号），《火电、送变电工程建设预算费用构成及计算标准（2002年版）》（国家经贸委〔2002〕16号）。

计算公式：

冬雨季施工增加费＝取费基数×费率（见表3.3.1）

地区分类见表3.3.2。

表 3.3.1 冬雨季施工增加费费率

工程类别		取费基数	地区及费率（%）				
			Ⅰ	Ⅱ	Ⅲ	Ⅳ	Ⅴ
变电	建筑	直接工程费	0.72	1.01	1.53	2.19	2.73
	安装	人工费	6.05	8.57	13.11	17.17	18.82
架空线路		人工费	3.93	5.56	8.51	11.12	13.72
电缆线路		人工费	3.03	4.29	6.56	8.59	9.45
系统通信	通信站建筑	直接工程费	1.13	1.61	2.43	3.48	4.34
	通信站安装	人工费	7.71	10.92	16.71	21.89	23.97
	光缆线路	人工费	6.45	9.12	13.94	18.21	20.37

表 3.3.2 地区分类表

地区分类	省、自治区、直辖市名称
Ⅰ	上海、江苏、安徽、浙江、福建、江西、湖南、湖北、广东、广西、海南
Ⅱ	北京、天津、山东、河南、河北（张家口、承德以南地区）、重庆、四川（甘孜、阿坝州除外）、云南（迪庆州除外）、贵州
Ⅲ	辽宁（盖州及以南地区）、陕西（不含榆林地区）、山西、河北（张家口、承德及以北地区）
Ⅳ	辽宁（盖州以北）、陕西（榆林地区）、内蒙古（锡林郭勒盟锡林浩特市以南各盟、市、旗，不含阿拉善盟）、新疆（伊犁、哈密地区以南）、吉林、甘肃、宁夏、四川（甘孜、阿坝州）、云南（迪庆州藏族自治州）
Ⅴ	黑龙江、青海、西藏、新疆（伊犁、哈密及以北地区）、内蒙古除四类地区以外的其他地区

【使用说明】

（1）冬雨季施工增加费中不包括为确保工程质量而需要在冬季施工所采取的混凝土添加防冻剂费用。混凝土添加防冻剂费用按照定额的规定计算；防雨遮盖措施费用在冬雨季施工增加费中已经综合考虑。

（2）冬雨季施工增加费中没有考虑台风、暴雨、暴风雪等恶劣天气影响，原因是台风、暴雨、暴风雪等极恶劣天气属于不可抗力。

（3）地区类别的划分主要考虑当地的年平均气温和年内有效施工天数，地形、海拔和覆冰的影响，应该在地形增加系数、特殊地区增加费和设计技术条件中考虑，而不能与冬雨季施工增加费混为一谈。

2．夜间施工增加费

夜间施工增加费是指按照规程要求，工程必须在夜间连续施工所发生的夜班补助、夜间施工降效、夜间施工照明设备摊销及照明用电等费用。

【计费依据】建设部、财政部《建筑安装工程费用项目组成》（建标〔2003〕206号）、《火电、送变电工程建设预算费用构成及计算标准（2002年版）》（国家经贸委〔2002〕16号）。

计算公式：

夜间施工增加费＝取费基数×费率（见表3.3.3）

表3.3.3　夜间施工增加费费率

工程类别	变电		架空线路大跨越	电缆线路
	建筑	安装		
取费基数	直接工程费	人工费	人工费	人工费
费率（%）	0.11	1.05	1.2	1.35

【使用说明】

（1）夜间施工增加费中不包括赶工费用；按照施工规范正常要求的轮班作业费用在定额和夜间施工增加费中综合考虑。

（2）还应考虑到在坑道、隧道等需要照明才能施工的情况也要计列相应费用。

（3）架空线路工程（大跨越工程除外）、系统通信工程不计此项费用。

3．施工工具用具使用费

施工工具用具使用费是指施工企业生产、检验、试验部门使用的不属于固定资产的工具用具、仪器仪表等的购置、摊销和维护费用。

【计费依据】《火电、送变电工程建设预算费用构成及计算标准（2002年版）》（国家经贸委〔2002〕16号）。

计算公式：

施工工具用具使用费＝取费基数×费率（见表3.3.4）

表3.3.4　施工工具用具使用费费率

工程类别	变电		架空线路	电缆线路	系统通信		
	建筑	安装			通信站建筑	通信站安装	光缆线路
取费基数	直接工程费	人工费	人工费	人工费	直接工程费	人工费	人工费
费率（%）	0.67	6.95	5.38	5.17	0.75	7.65	5.58

【使用说明】

工具用具包括施工工具用具和现场管理用的工具用具两部分，这里指的是现场施工工具用具，它主要包括诸如：铁锹、镐头、小推车、灰槽等生产用工具用具等购置、摊销和维护费用；检验、试验部门使用的（不属于固定资产）工具用具包括现场实验室用的各种化学药品、试剂及办公用的低值易耗品等购置费用。现场管理用工具用具使用费在企业管理费中考虑。

4．特殊地区施工增加费

特殊地区施工增加费是指在高海拔、酷热、严寒等地区施工，因特殊自然条件影响而需额外增加的施工费用。

【计费依据】《火电、送变电工程建设预算费用构成及计算标准（2002 年版）》（国家经贸委〔2002〕16 号）。

计算公式：

特殊地区施工增加费＝取费基数×费率（见表 3.3.5）

表 3.3.5　特殊地区施工增加费费率

工程类别	高海拔地区		高纬度严寒地区		酷热地区	
	建筑	安装	建筑	安装	建筑	安装
取费基数	直接工程费	人工费	直接工程费	人工费	直接工程费	人工费
费率（%）	1.17	6.50	0.98	5.50	0.86	4.75

【使用说明】

（1）特殊地区是指具备特殊地理和气候等自然条件的地区，通常海岛的地理和气候等自然条件与沿海陆地基本一样，故不能称之为特殊地区。

（2）输电线路（架空及电缆安装）工程执行安装工程费率。

（3）以上费率已经综合考虑了各省、自治区有关规定，在使用时不做调整。

（4）当某些地区出现特殊地区类型重叠时，应将相应费率系数相加套用。

（5）高海拔地区是指本工程所在市、县的平均海拔在 3000m 以上的地区。如果仅仅是工程的某一点或几点海拔超过 3000m，但工程所在市、县平均海拔未超过 3000m 的，不能作为高海拔地区。

（6）高纬度严寒地区指北纬 45°以北地区。

（7）酷热地区指面积在 1 万 km^2 以上的沙漠地区。本规定中统计的我国面积在 1 万 km^2 以上的沙漠主要有：塔克拉玛干沙漠，位于新疆南部，是我国最大的沙漠，也是世界第二大流动沙漠，面积 33.76 万 km^2；古尔班通古特沙漠，位于新疆准噶尔盆地中部，面积 4.88 万 km^2；巴丹吉林沙漠，位于内蒙古高原西南，面积 4.43 万 km^2；腾格里沙漠，位于内蒙古，面积 4.27 万 km^2；柴达木沙漠，位于青海柴达木盆地，面积 3.49 万 km^2；库姆达格沙漠，位于新疆南部东端，面积 1.95 万 km^2；库布齐沙漠，位于内蒙古鄂尔多斯高原北部，面积 1.86 万 km^2；乌兰布和沙漠，位于内蒙古河套平原西南，面积 1.15 万 km^2，新疆吐鲁番地区，位于新疆维吾尔自治区中东部，天山支脉博格达峰南麓，吐鲁番盆地中部，面积 1.37 万 km^2；毛乌素沙漠，位于内蒙古自治区，在鄂尔多斯市南部，陕西省长城一线以北，面积约 4.22 万 km^2。

5．临时设施费

临时设施费是指施工企业为满足现场正常生产、生活需要，在现场必须搭设的生活、生产用临时建筑物、构筑物和其他临时设施所发生的费用，其内容包括：临时设施的搭设、维修、拆除、折旧及摊销费或临时设施的租赁费等。

临时设施包括：职工宿舍，办公、生活、文化、福利等公用房屋，仓库、加工厂、工棚、围墙等建、构筑物，厂区围墙范围内的临时施工道路、水、电（含 380V 降压变压器）、通信的分支管线，建设期间的临时隔墙等。

【计费依据】建设部、财政部《建筑安装工程费用项目组成》（建标〔2003〕206 号）、《火电、送变电工程建设预算费用构成及计算标准（2002 年版）》（国家经贸委〔2002〕16 号）、建设部《建筑工程安全防护、文明施工措施费用及使用管理规定》（建标〔2005〕89 号）。

计算公式：

临时设施费＝直接工程费×费率（见表 3.3.6）

表 3.3.6　临时设施费费率

工程类别		地区及费率（%）				
		Ⅰ	Ⅱ	Ⅲ	Ⅳ	Ⅴ
变电	建筑	2.03	2.46	2.81	2.98	3.17
	安装	2.29	2.62	2.77	3.10	3.38
架空线路		1.78	1.85	1.94	2.07	2.42
电缆线路		6.08	6.70	7.53	8.17	8.91
系统通信	通信站建筑	2.13	2.57	2.94	3.13	3.32
	通信站安装	1.33	1.53	1.67	1.85	2.06
	光缆线路	1.98	2.36	2.65	2.92	3.26

【使用说明】

（1）临时设施费中不包括现场人员生活所用的水电费及物业管理、卫生清理等费用，该费用在企业管理费中考虑。

（2）临时设施费中已经包括工程完工后施工临时设施的拆除、清理费用。

（3）临时设施费中已经综合考虑了现场临时建筑及构筑物建设标准化和多次使用、施工企业机械化水平和管理水平提高使现场人员大幅减少以及工期缩短等因素。

（4）对于永临结合的工程，其费用应列入建筑安装工程费用中。

（5）临时设施不包括内容：

1）施工电源：施工、生活用380V变压器高压侧以外的装置及线路。

2）水源：场外供水管道及装置，水源泵房，施工、生活区供水母管。

3）施工道路：场外道路，施工、生活区的建筑、安装共用的主干道路。

4）通信：场外接至施工、生活区总机的通信线路。

（6）对于临时架设施工用电线路、通信线路、供水管道及道路等分界线以外部分，如果发生，其费用应计算后列入“临时工程”中。

6. 施工机构迁移费

施工机构迁移费是指施工企业派遣施工队伍到所承建工程现场所发生的搬迁费用，其内容包括：职工调遣差旅费和调遣期间的工资，以及办公设备、工器具、家具、材料、用品以及施工机械等的搬运费等。

【计费依据】《火电、送变电工程建设预算费用构成及计算标准（2002年版）》（国家经贸委〔2002〕16号）。

计算公式：

施工机构迁移费＝取费基数×费率（见表3.3.7）

表3.3.7 施工机构迁移费费率

工程类别		取费基数	电压等级（kV）及费率（%）					
			110及以下	220	330	500	750	1000
变电	建筑	直接工程费	0.41	0.39	0.35	0.33	0.32	0.31
	安装	人工费	11.46	11.02	10.00	8.76	8.21	7.80
架空线路		人工费	3.40	3.20	2.69	2.57	2.31	2.15
电缆线路		人工费	2.20					
系统通信	通信站建筑	直接工程费	0.30					
	通信站安装	人工费	6.64					
	光缆线路	人工费	1.99					

【使用说明】

（1）费率中已经包括施工机构进场过程中发生的过路过桥费。

（2）费率中已经综合考虑项目管理水平的提高，项目管理机构大大精简，需要转移的人员和装备数量大大减少以及施工机械大量就地租用（减少了大规模机械转运）等因素。所以，此版费率较2006版费率有较大幅度的减少。

7．安全文明施工费

在工程项目施工期间，施工单位为保证安全施工、文明施工和保护现场内外环境等所发生的措施项目费用，其内容主要包括安全生产费用、文明施工费用和环境保护费用。

（1）安全生产费用：是指施工企业专门用于完善和改进企业及项目安全生产条件的资金。

（2）文明施工费用：是指施工现场文明施工所需要的各项费用。

（3）环境保护费用：是指施工现场为达到环保部门要求所需要的各项费用。

【计费依据】建设部、财政部《建筑安装工程费用项目组成》（建标〔2003〕206号），建设部《建筑工程安全防护、文明施工措施费用及使用管理规定》（建办〔2005〕89号），财政部、安监总局《企业安全生产费用提取和使用管理办法》（财企〔2012〕16号）。

计算公式：

安全文明施工费＝直接工程费×2.9%

【技术说明】

（1）在建设部《建筑工程安全防护、文明施工措施费用及使用管理规定》（建办〔2005〕89号）发布之前，现场正常的安全文明施工措施费用在电力概预算定额中是包含的，但由于文明施工程度的提高和安全措施的加强，定额中按照一般施工规范要求所考虑的费用已经不能满足实际需要，电力定额便在2006版预规的措施费中增设了“安全文明施工措施补助费”，是对定额相关内容的填平找齐。在2013新版定额编制过程中，由于财政部、安监总局颁发了《企业安全生产费用提取和使用管理办法》（财企〔2012〕16号），为了体现以人为本的科学管理理念，本规定严格按文件要求，测算了相关费率，不但满足了安全生产费用的要求额度，还将文明施工和环境保护的费用一并考虑。

（2）按照建设部《建筑工程安全防护、文明施工措施费用及使用管理规定》（建办〔2005〕89号）要求，安全防护、文明施工措施费用共包括临时设施、安全生产、文明施工和环境保护四项费用。但由于电力工程施工对这四个项目要求均较高，根据行业特点，2006版定额修编是在作了充分研究、论证和相应测算后，将其分为临时设施费和安全文明施工措施补助费两大部分。

（3）根据住房城乡建设部、财政部《关于印发〈建筑安装工程费用项目组成〉的通知》（建标〔2013〕44号文）及《建设工程工程量清单计价规范》（GB 50500—2013）的规定，将"安全防护、文明施工措施费"更名为"安全文明施工费"，新预规修编中也将原2006版预规中的"安全文明施工措施补助费"更名为"安全文明施工费"。还根据建办〔2005〕89号文、财企〔2012〕16号文、GB 50500—2013等规定，结合电力行业特点重新修订了本项费用所包含的主要内容和范围。

1）安全生产费使用范围：

①完善、改造和维护安全防护设施设备支出（不含"三同时"要求初期投入的安全设施）。

a. 钢管扣件组装式安全围栏、门形组装式安全围栏、安全隔离网、提示遮栏、安全通道等安全隔离设施购置、租赁费用；

b. 钢制盖板等施工孔洞防护设施购置、租赁费用；

c. 直埋电缆方位标志、过路电缆保护套管，施工用电配电箱、电缆、便携式卷线电源盘、漏电保护器等在满足正常使用外，用于提高安全防护等级的设施购置、租赁费用；

d. 易燃、易爆液体或气体（油料、氧气瓶、乙炔气瓶、六氟化硫气瓶等）危险品专用仓库建设费用，防碰撞、倾倒设施购置、租赁费用，材料站、工具房（间）为满足安全文明施工标准化建设所投入设施购置、租赁费用；

e. 高处作业平台临边防护、绝缘梯子等高处作业防护设施购置、租赁、检测、维护保养费用；

f. 灭火器、沙箱、水桶、斧、锹等消防器材（含架箱）购置、租赁、检测、维护保养费用；

g. 绝缘安全网和绝缘绳购置、租赁、检测、维护保养费用；

h. 验电器、绝缘棒、工作接地线和保安接地线等预防雷击和近电作业防护设施购置、租赁、检测、维护、保养费用；

i. 有害气室内或地下工程装设的强制通风装置或有害气体监测装置购置、租赁、检测、维护、保养费用；

j. 施工机械上的各种保护及保险装置购置、检测、维护保养费用，配合施工方案、作业指导书、安全控制措施采用的临时设施采购、租赁费用；

k. 为施工作业配备的防风、防腐、防尘、防水浸、防雷击等设施、设备购置费用，防治边帮滑坡的设施及与之相关的配合费用。

还应包括施工现场临时用电系统、洞口、临边、机械设备、高处作业防护、交叉作业防护、防火、防爆、防尘、防毒、防台风、防地质灾害、地下工程有害气体监测、通风、临时安全防护等设施设备支出。

②配备、维护、保养应急救援器材、设备支出和应急演练支出，包括应急救援设备器材、急救药品购置、租赁、维护费用。

③开展重大危险源和事故隐患评估、监控和整改支出。

④安全生产检查、评价、咨询和标准化建设支出，主要包括：

a. 安全标志牌、限速指示牌、材料设备规格型号标识牌、设施设备状态标示牌、岗位责任和规章制度牌、操作规程牌、施工现场风险管控公示牌、应急救援路线公示牌、安全文明施工纪律牌、安全奖惩公示牌、友情提示牌等为满足绿色环保施工和安全文明施工标准化建设所投入设施购置、租赁费用；

b. 提醒警示和分包人员的考勤等进出施工现场管理设施物品采购、租赁费用，施工现场利用数字通信网传输视频的单兵移动监控器材购置、租赁、安装、运行、检修费用；

c. 施工人员食堂服务于卫生防疫设施购置费用，废料垃圾分类回收设施，以及生活区为满足安全文明施工标准化建设布置所投入设施购置、租赁费用，高海拔地区防高原病、疫区防传染等配套设施、措施费用；

d. 施工企业、施工项目部组织开展安全生产检查、咨询所发生的相关费用；

e. 工程施工高峰期，委托第三方对安全管理工作进行阶段性评价费用。

⑤配备和更新现场作业人员安全防护用品支出。主要包括安全帽、安全带、全方位防冲击安全带、攀登自锁器、速差自控器、二道防护绳、水平安全绳、绝缘手套、防护手套、防护眼镜、防毒面具、防护面具、防尘口罩、防静电服（屏蔽服）、雨衣、救生衣、绝缘鞋、雨靴、统一配置的工作服、防寒类个人防护用品等购置、租赁及保养、更换费用。

⑥安全生产宣传、教育、培训支出，安全宣传类标牌制作、租赁费以及各种安全生产制度体系监理。主要有：

a. 安全施工责任制度；

b. 安全施工教育培训制度；

c. 安全施工检查制度；

d. 安全施工措施与安全工作票管理制度；

e. 事故调查、处理、统计、报告制度；

f. 安全奖惩制度；

g. 分包工程安全管理制度；

h. 安全工作例会制度；

i. 安全用电管理制度；

j. 安全防护装备管理制度；

k. 尘毒、射线安全管理制度；

l. 防火、防爆安全管理制度；

m. 机械、工器具安全管理制度；

n. 车辆、交通安全管理制度；

o. 安全设施管理制度；

p. 加班加点控制管理制度；

q. 女工特殊保护管理制度；

r. 工作票、操作票管理制度等。

⑦安全生产适用的新技术、新标准、新工艺、新装备的推广应用支出。

⑧安全设施及特种设备检测检验支出。

⑨其他与安全生产直接相关的支出。

2）文明施工费使用范围：

①现场采用封闭围挡，高度不小于 1.8m。

②围挡材料可采用彩色、定型钢板，砖、混凝土砌块等墙体。

③在进门处悬挂工程概况、管理人员名单及监督电话、文明施工、消防保卫五板；施工现场总平面图。

④现场出入的大门应设有本企业标识或企业标识。

⑤厂容厂貌：

a. 道路畅通；

b. 排水沟、排水设施通畅;

c. 工地地面硬化处理;

d. 绿化。

⑥材料堆放:

a. 材料、构件、料具等堆放时，悬挂有名称、品种、规格等标牌;

b. 水泥和其他易飞扬细颗粒建筑材料应密闭存放或采取覆盖等措施;

c. 易燃、易爆和有毒有害物品分类存放。

⑦文明施工管理、监督制度、体系及机构建设:

a. 文明施工标志牌;

b. 文明责任牌;

c. 文明施工管理制度;

d. 生活卫生监督管理制度;

e. 文明施工责任制度。

3）环境保护费适用范围:

①施工过程中的淋水降尘，现场土方的覆盖、表面固化及淋水降尘。

②现场道路清扫、洒水压尘。

③施工现场应设置密闭式垃圾站，施工垃圾、生活垃圾应分类存放。施工垃圾必须采用相应容器或管道运输。

④现场材料的苫布苫盖。

⑤施工人员佩戴的防尘面罩、毛巾、工作服，下班后的洗澡、洗衣。

⑥现场噪声控制。

⑦节能降耗措施等。

⑧环境保护管理制度、监督制度、体系及机构建设等。

【使用说明】

（1）本次修编，按照国家法规、政策和文件要求，按照以人为本的原则，大幅提高了安全文明施工费用，同时，也对此项费用包含的内容做了调整。

（2）安全文明施工费应要专列账户，专款专用。

（3）由于特高压工程的技术装备水平和施工工艺水平不断成熟，其安全文明施工费可依据本规定适当降低。

二、间接费

间接费是指建筑安装产品的施工过程中，为全工程项目服务而不直接消耗在特定产品对象上的费用。包括规费、企业管理费和施工企业配合调试费。

计算公式：

间接费＝规费＋企业管理费＋施工企业配合调试费

（一）规费

规费是指按照国家行政主管部门或省级政府和省级有关权力部门必须缴纳并计入建筑安装工程造价的费用。包括社会保险费、住房公积金和危险作业意外伤害保险费。

【计费依据】《中华人民共和国社会保险法》（中华人民共和国主席令〔2010〕第35号令），建设部、财政部《建筑安装工程费用项目组成》（建标〔2003〕206号），《火电、送变电工程建设预算费用构成及计算标准（2002年版）》（国家经贸委〔2002〕16号）。

计算公式：

规费＝社会保险费＋住房公积金
＋危险作业意外伤害保险费

1. 社会保险费

社会保险费是指按照国家建立社会保障体系的有关要求，施工企业必须为职工交纳的保险、保障费用，由养老保险费、失业保险费和医疗保险费、工伤保险费和生育保险费组成。

（1）养老保险费。

养老保险费是指企业按照规定标准为职工缴纳的基本养老保险费。

（2）失业保险费。

失业保险费是指企业按照规定标准为职工缴纳的失业保险费。

（3）医疗保险费。

医疗保险费是指企业按照规定标准为职工缴纳的基本医疗保险费。

（4）工伤保险费。

工伤保险费是指企业按照规定标准为职工缴纳的工伤保险费。

（5）生育保险费。

生育保险费是指企业按照规定标准为职工缴纳的生育保险费。

【计费依据】《中华人民共和国社会保险法》（中华人民共和国主席令〔2010〕第35号令），建设部、财政部《建筑安装工程费用项目组成》（建标〔2003〕206号）。

计算公式：

建筑工程社会保险费＝直接工程费×0.18×缴费费率

安装工程社会保险费＝人工费×1.6×缴费费率

架空线路工程社会保险费＝人工费×1.12×缴费费率

电缆线路及光缆线路工程社会保险费＝人工费×1.2×缴费费率

【政策说明】《中华人民共和国社会保险法》（中华人民共和国主席令〔2010〕第35号令）规定，为了规范社会保险关系，维护公民参加社会保险和享受社会保险待遇的合法权益，使公民共享发展成果，促进社会和谐稳定，根据宪法，制定本法。我国建立基本养老保险、基本医疗保险、工伤保险、失业保险、生育保险等社会保险制度，保障公民在年老、疾病、工伤、失业、生育等情况下依法从国家和社会获得物质帮助的权利。

国家社会保险体系的主要内容包括：基本养老保险，即劳动者因年老丧失劳动能力时，在养老期间发给生活费，以及生活方面给以照顾；失业保险，即劳动者在失业期间的生活费、医疗费的给付以及转业培训、生产自救及职业介绍等保障措施；基本医疗保险，即劳动者在患病期间在医疗、护理方面的保障措施；工伤保险，即劳动者因工负伤，暂时或永久丧失劳动能力后的工资收入补偿，也是对因工负伤劳动者的医疗护理和生活照顾措施；生育保险，即女职工在生育期间的医疗费用和生育津贴。

1. 基本养老保险

基本养老保险是指达到法定范围的老年人，在完全或基本退出工作岗位后，由社会提供物质帮助，以满足其基本生活需求的一种保险制度。它带有强制性、普遍性、互济性和预防性等社会保险的基本特征。国家通过立法强制实行社会养老保险，法定范围内的社会成员必须按规定缴纳社会养老保险费用或保险税，承办社会养老保险的部门，必须按规定标准及时间向养老保险对象支付社会养老保险费用。社会养老保险是社会保险的一个重要险种，也是企业雇员的一项基本福利。

2. 失业保险

失业保险是社会保险的重要组成部分，是对在劳动年龄以内有劳动能力，由于非自愿原因失去工作的人员所给予的社会保障。失业保险具有强制性、互济性、社会性和救助性的特点，它是国家通过立法强制实施的一项社会保障制度。失业保险具有保障生活和促进就业双重功能，此外还有抑制和预防失业的作用。失业保险参保范围根据我国政策规定，应该参加失业保险的单位和人员有：国有企业、城镇集体企业、外商投资企业、城镇私营企业和其他城镇企业及其职工，事业单位及其职工。

3. 基本医疗保险

基本医疗保险是国家和社会根据一定的法律法规，为向保障范围内的劳动者提供患病时基本医疗需求保障而建立的社会保险制度。我国的社会医疗保险由基本医疗保险、企业补充医疗保险和个人补充医疗保险三个层次构成。

社会医疗保险指劳动者患病时，社会保险机构对其所需要的医疗费用给予适当补贴或报销，使劳动者恢复健康和劳动能力，尽快投入社会再生产过程。社会医疗保险属于社会保险的重要组成部分，一般由政府承办，政府会借助经济手段、行政手段、法律手段强制实行以及进行组织管理。

4. 工伤保险

工伤保险是社会保险制度中的重要组成部分。是指国家和社会为在生产、工作中遭受事故伤害和患职业性疾病的劳动及亲属提供医疗救治、生活保障、经济补偿、医疗和职业康复等物质帮助的一种社会保障制度。工伤即职业伤害所造成的直接后果是伤害到职工生命健康，并由此造成职工及家庭成员的精神痛苦和经济损失，也就是说劳动者的生命健康权、生存权和劳动权力受到影响、损害甚至被剥夺了。劳动者在其单位工作、劳动，必然形成劳动者和用人单位之间相互的劳动关系，在劳动过程中，用人单位除支付劳动者工资待遇外，如果不幸而发生了事故，生成劳动者的伤残、死亡或患职业病，此时，劳动者就自然具有享受工伤保险的权利。劳动者的这种权利是由国家宪法和劳动法给予根本保障的。

5. 生育保险

生育保险是指针对生育行为的特点，通过国家立法规定，在职工女性因生育子女而导致劳动力暂时中断、失去正常收入来源时，由国家或社会提供物质帮助的一项社会政策。生育保险待遇包括生育医疗费用和生育津贴。生育医疗费用包括下列各项：生育的医疗费用；计划生育的医疗费用；法律、法规规定的其他项目费用。职工有下列情形之一的，可以按照国家规定享受生育津贴：女职工生育享受产假；享受计划生育手术休假；法律、法规规定的其他情形。

【使用说明】

（1）缴费费率是指工程所在省、直辖市（自治区）社会保障机构颁布的以工资总额为计取基数的基本养老保险、失业保险、基本医疗保险、工伤保险及生育保险费费率之和。

（2）工伤保险和生育险保险个人不负担，由企业负责缴纳。

（3）当缴费费率分为个人负担和企业负担两部分时，只取企业负担部分费率。

（4）当缴费费率为区间费率时，应取中等以上水平费率，也可以取最高费率。

（5）缴费费率中不包括补充养老保险和补充医疗保险等商业补充险。

2．住房公积金

住房公积金是指企业按规定标准为职工缴纳的住房公积金。

【计费依据】建设部、财政部《建筑安装工程费用项目组成》（建标〔2003〕206 号），《住房公积金管理条例》（国务院〔2002〕第 350 号令）。

计算公式：

建筑工程住房公积金＝直接工程费×0.18×缴费费率

安装工程住房公积金＝人工费×1.6×缴费费率

架空线路工程住房公积金＝人工费×1.12×缴费费率

电缆线路及光缆线路工程住房公积金＝人工费×1.2×缴费费率

注：住房公积金缴费费率按照工程所在地政府部门公布的费率执行。

3．危险作业意外伤害保险费

危险作业意外伤害保险费是指按照建筑法规定，施工企业为从事危险作业的建筑安装施工人员缴纳的意外伤害保险费。

【计费依据】《工伤保险条例》（国务院令〔2003〕第375号），建设部、财政部《建筑安装工程费用项目组成》（建标〔2003〕206号）。

计算公式：

建筑工程危险作业意外伤害保险费＝直接工程费×0.15%

安装工程危险作业意外伤害保险费＝人工费×2.31%

架空线路工程危险作业意外伤害保险费＝人工费×2.53%

电缆线路危险作业意外伤害保险费＝人工费×2.31%

光缆线路工程危险作业意外伤害保险费＝人工费×2.53%

（二）企业管理费

企业管理费是指建筑安装施工企业为组织施工生产和经营管理所发生的费用，其费用内容包括：

（1）管理人员工资。包括管理人员的基本工资、工资性补贴、辅助工资、职工福利费、劳动保护费等。

（2）办公经费。企业管理办公用的文具、纸张、账表、印刷、邮电、通信、书报、会议、水电、燃气、集体取暖（包括现场临时宿舍取暖）、卫生保洁等费用。

（3）差旅交通费。职工因公出差、调动工作的差旅费、住勤补助费，市内交通费和误餐补助费，职工探亲路费，劳动力招募费，职工离退休、退职一次性路费，工伤人员就医路费，管理用交通工具的燃料费等。

（4）固定资产使用费。管理和试验部门及附属生产单位使用的属于固定资产的房屋、设备仪器等的折旧、大修、维修或租赁费。

（5）工具用具使用费。管理机构和人员使用的不属于固定资产的办公家具、工器具、交通工具和检验、试验、测绘、消防用具等的购置、维修、维护和摊销费。

（6）劳动补贴费。由企业支付离退休职工的易地安家补助费、职工退职金，六个月以上的病假人员工资，按规定支付给离休干部的各项经费。

（7）工会经费。根据国家行政主管部门有关规定，企业按照职工工资总额计提的工会经费。

（8）职工教育经费。为保证职工学习先进技术和提高文化水平，根据国家行政主管部门有关规定，施工企业按照职工工资总额计提的职工教育培训费用。

（9）财产保险费。施工管理用财产、车辆的保险及运检费用。

（10）财务费。企业为筹集资金而发生的各种费用，以及提供预付款担保、履约担保、职工工资支付担保等所发生的费用。

（11）税金。企业按规定缴纳的房产税、土地使用税、印花税和办公车辆的车船税费等。

（12）其他。工程排污费，投标费，建筑工程定点复测、施工期间沉降观测、施工期间工程二级测量网维护、工程点交、场地清理费，材料检验试验费，技术转让费，技术开发费，业务招待费，绿化费，广告费，公证费，法律顾问费，咨询费，未移交的工程看护费及工程交接验收清理费等。

【计费依据】建设部、财政部《建筑安装工程费用项目组成》（建标〔2003〕206号），《火电、送变电工程建设预算费用构成及计算标准（2002年版）》（国家经贸委〔2002〕16号），《排污费征收标准管理办法》（国家计委、国家财政部、国家环保总局、国家经贸委联合令〔2003〕第31号）

计算公式：

企业管理费＝取费基数×费率（见表 3.3.8）

表 3.3.8 企业管理费费率

工程类别	变电		架空线路	电缆线路	系统通信		
	建筑	安装			通信站建筑	通信站安装	光缆线路
取费基数	直接工程费	人工费	人工费	人工费	直接工程费	人工费	人工费
费率（%）	8.66	73.93	45.62	47.91	8.14	67.63	23.70

【使用说明】

（1）根据国家发展改革委关于成品油价格改革的有关规定，将 2006 版预规“3 差旅费”中的管理部门使用的交通工具的“养路费”项目删除。

（2）删除 2006 版预规“3 差旅费”中“工地转移费”的内容。

（3）根据国家相关规定，在新预规的“财务费”中增加了“提供预付款担保、履约担保、职工工资支付担保”。

（4）根据《中华人民共和国社会保险法》（中华人民共和国主席令〔2010〕35 号）的规定，将 2006 版预规“6 劳动补贴费”中的“职工死亡丧葬补助费”“抚恤金”调整至“社会保险费”项下的“养老保险费”中。

（5）根据财政部、安监总局颁发《企业安全生产费用提取和使用管理办法》（财企〔2012〕16 号）的规定，将 2006 版预规“10 劳动安全卫生检测费”费用项目整体调整到“安全文明施工费”中。

（6）本次修编，还在新预规“13 其他”中增列了“施工期间沉降观测”“施工期间工程二级测量网维护”等内容。

（7）工程在未竣工验收之前的看管费应在企业管理费中

综合考虑。

（8）本次修编进一步明确了有关工程移交验收的场地清理费应在企业管理费中综合考虑。

（三）施工企业配合调试费

施工企业配合调试费是指在工程整体启动试运阶段，施工企业安装专业配合调试单位所发生的费用。

【计费依据】《火电、送变电工程建设预算费用构成及计算标准（2002年版）》（国家经贸委〔2002〕16号）。

计算公式：

施工企业配合调试费＝直接费×费率（见表3.3.9）

表3.3.9 施工企业配合调试费费率

工程类别	电压等级（kV）及费率（%）					
	110及以下	220	330	500	750	1000
变电	0.59	0.77	1.02	1.24	1.52	1.73
架空线路	0.24			0.19		0.11

【使用说明】

（1）此处"直接费"为输变电安装工程的直接费。

（2）35kV及以下架空线路工程不列此项费用。

（3）电缆线路工程、通信工程不列此项费用。

（4）调试工程取费时，不列此项费用。

三、利润

利润是指施工企业完成所承包工程获得的盈利。

【计费依据】建设部、财政部《建筑安装工程费用项目组成》（建标〔2003〕206号），《火电、送变电工程建设预算费用构成及计算标准（2002年版）》（国家经贸委〔2002〕16号）。

计算公式：

利润＝（直接费＋间接费）×利润率（见表3.3.10）

表 3.3.10　利润率

工程类别	变电		输电线路	系统通信
	建筑	安装		
利润率（%）	5.5	6	5	5

四、大型土石方取费

电网工程的大型土石方工程实行综合费率。所谓大型土石方工程是指土石方开挖与回填量大于 1 万 m^3 的独立土石方工程。

计算公式：变电工程综合取费费用额＝直接工程费×18.70%

输电线路工程综合取费费用额＝直接工程费×20.57%

【使用说明】

考虑到近年来，电网输变电工程选址日趋困难，土石方工程规模越来越大，为科学合理确定电网输变电工程造价，经广泛调研和测算，给出了大型土石方工程的取费。

五、编制基准期价差

编制基准期价差是指建设预算编制基准期价格水平与电力行业定额（造价）管理部门规定的价格水平之间的差额。

【计费依据】《火电、送变电工程建设预算费用构成及计算标准（2002 年版）》（国家经贸委〔2002〕16 号）。

计算公式：

编制基准期价差（安装工程）＝人工费价差＋消耗性材料价差＋施工机械使用费价差＋装置性材料价差。

编制基准期价差（建筑工程）＝人工费价差＋典型材料价差＋典型施工机械使用费价差。

【使用说明】

（1）按照国家有关建筑安装工程费用项目构成的规定，人工费、材料费和施工机械使用费价差是建筑安装工程费的必要组成部分，它们共同构成完整的建筑安装工程费用。

（2）本次修编进一步将原“编制年价差”修改为“编制基准期价差”，目的是使建设预算编制的价格水平更加趋近于工程实际，更能反映各工程项目的造价真实水平。

（3）其他费用中凡以“建筑安装工程费”作为取费基数的费用项目，取费基数均应含“编制基准期价差”。

六、税金

税金是指国家税法规定应计入建筑安装工程造价内的营业税、城市维护建设税、教育费附加及地方教育费附加。

【计费依据】建设部、财政部《建筑安装工程费用项目组成》（建标〔2003〕206号），《火电、送变电工程建设预算费用构成及计算标准（2002年版）》（国家经贸委〔2002〕16号），财政部《关于统一地方教育附加政策有关问题的通知》（财综〔2010〕98号）。

计算公式：

税金＝（直接费＋间接费＋利润
＋编制基准期价差）×税率

注：税率按照工程所在地税务部门的规定计算。

【政策说明1】

1．营业税的纳税人

营业税的纳税人是在中华人民共和国境内提供应税劳务、转让无形资产或者销售不动产的单位和个人。

2．营业税的计税依据

营业的计税依据是提供应税劳务的营业额，转让无形资产的转让额或者销售不动产的销售额，统称为营业额。

3．营业税的税目、税率

营业税税目、税率见表3.3.11。

表3.3.11 营业税税目、税率表

税目	征收范围	税率
一、交通运输业	陆路运输、水路运输、航空运输、管道运输、装卸搬运	3%
二、建筑业	建筑、安装、修缮装饰及其他工程作业	3%
三、金融保险业		5%
四、邮电通信业		3%
五、文化体育业		3%
六、娱乐业	歌厅、舞厅、卡拉OK歌舞厅、音乐茶座、台球、高尔夫球、保龄球、游艺	5%～20%
七、服务业	代理业、旅店业、饮食业、旅游业、仓储业、租赁业、广告业及其他服务业	5%
八、转让无形资产	转让土地使用权、专利权非专利技术、商标权、著作权、商誉	5%
九、销售不动产	销售建筑物及其他土地附着物	5%

4．营业税的计算

纳税人提供应税劳务、转让无形资产，或者销售不动产，按照营业额和规定的税率计算应纳税额。应纳税额的计算公式为：

应纳税额＝营业额×税率

纳税人的营业额为纳税人提供应税劳务、转让无形资产或者销售不动产向对方收取的全部价款和价外费用，但是，下列情形除外：

（1）纳税人将承揽的运输业务分给其他单位或者个人的，以其取得的全部价款和价外费用扣除其支付给其他单位或者个人的运输费用后的余额为营业额。

（2）纳税人从事旅游业务的，以其取得的全部价款和价外费用扣除替旅游者支付给其他单位或者个人的住宿费、餐费、交通费、旅游景点门票和支付给其他接团旅游企业的旅游费后的余额为营业额。

（3）纳税人将建筑工程分包给其他单位的，以其取得的全部价款和价外费用扣除其支付给其他单位的分包款后的余额为营业额。

（4）外汇、有价证券、期货等金融商品买卖业务，以卖出价减去买入价后的余额为营业额。

（5）国务院财政、税务主管部门规定的其他情形。

5. 营业税的税收优惠

《中华人民共和国营业税暂条例》规定下列项目免征营业税：

（1）托儿所、幼儿园、养老院、残疾人福利机构提供的育养服务，婚姻介绍，殡葬服务；

（2）残疾人员个人提供的劳务；

（3）医院、诊所和其他医疗机构提供的医疗服务；

（4）学校和其他教育机构提供的教育劳务，学生勤工俭学提供的劳务；

（5）农业机耕、排灌、病虫害防治、植物保护、农牧保险以及相关技术培训业务，家禽、牲畜、水生动物的配种和疾病防治；

（6）纪念馆、博物馆、文化馆、文物保护单位管理机构、美术馆、展览馆、书画院、图书馆举办文化活动的门票收入，宗教场所举办文化、宗教活动的门票收入。

（7）境内保险机构为出口货物提供的保险产品。

6. 营业税的纳税地点和纳税义务发生时间

（1）营业税的纳税地点。

1）纳税人提供应税劳务应当向其机构所在地或者居住

地的主管税务机关申报纳税。但是，纳税人提供的建筑业劳务以及国务院财政、税务主管部门规定的其他应税劳务，应当向应税劳务发生地的主管税务机关申报纳税。

2）纳税人转让无形资产应当向其机构所在地或者居住地的主管税务机关申报纳税。但是，纳税人转让、出租土地使用权，应当向土地所在地的主管税务机关申报纳税。

3）纳税人销售、出租不动产应当向不动产所在地的主管税务机关申报纳税。

（2）营业税纳税义务发生时间为纳税人提供应税劳务、转让无形资产或者销售不动产并收讫营业收入款项或者取得索取营业收入款项凭据的当天。国务院财政、税务主管部门另有规定的，从其规定。

7．营业税的纳税申报

对纳税人的应纳税额分别采取由扣缴义务人扣缴和纳税人自行申报两种方法。

8．营业税的纳税期限

营业税的纳税期限分别为 5 日、10 日、15 日、1 个月或者 1 个季度。纳税人的具体纳税期限，由主管税务机关根据纳税人应纳税额的大小分别核定；不能按照固定期限纳税的，可以按次纳税。纳税人以 1 个月或者 1 个季度为一个纳税期的，自期满之日起 15 日内申报纳税；以 5 日、10 日或者 15 日为一个纳税期的，自期满之日起 5 日内预缴税款，于次月 1 日起 15 日内申报纳税并结清上月应纳税款。扣缴义务人解缴税款的期限，依照前两款的规定执行。

【政策说明 2】

城市维护建设税及教育费附加计算方法

1．城市维护建设税

城市维护建设税是对从事工商经营，缴纳增值税、消费税、营业税的单位和个人征收的一种税。1985 年 2 月 8 日国务院正式颁布了《中华人民共和国城市维护建设税暂行条例》，并于1985年1月1日在全国范围内施行。

城市维护建设税的税率：纳税人所在地在市区的，税率为7%；纳税人所在地在县城、镇的，税率为5%；纳税人所在地不在市区、县城或镇的，税率为1%。

城市维护建设税的计税依据：城市维护建设税，以纳税人实际缴纳的产品税、增值税、营业税税额为计税依据，分别与产品税、增值税、营业税同时缴纳。

应纳税额的计算公式：

应纳税额 = 实际缴纳的增值税、消费税、营业税税额 × 适用税率

2. 教育费附加

根据国务院《征收教育费附加的暂行规定》及《关于修改〈征收教育费附加的暂行规定〉的决定》，凡缴纳消费税、增值税、营业税的单位和个人，除按照《国务院关于筹措农村学校办学经费的通知》（国发〔1984〕174号文）的规定，缴纳农村教育事业费附加的单位外，都应当缴纳教育费附加。

税率及计算方法：

教育费附加，以各单位和个人实际缴纳的产品税（后改为消费税）、增值税、营业税的税额为计征依据，教育费附加率为3%，分别与产品税（后改为消费税）、增值税、营业税同时缴纳。

同营业税、增值税、消费税“三税”的纳税期限一致，在缴纳营业税、增值税、消费税的同时缴纳教育费附加。

应纳税额的计算公式：

应纳税额 = 实际缴纳的增值税、消费税、营业税税额 × 适用税率

地方教育附加是指根据省、直辖市、自治区人民政府发

布的地方教育附加征收办法而增加的地方教育附加。

【政策说明 3】

统一地方教育附加政策有关问题的解释

为贯彻落实《国家中长期教育改革和发展规划纲要（2010～2020 年）》，进一步规范和拓宽财政性教育经费筹资渠道，支持地方教育事业发展，根据国务院有关工作部署和具体要求，现就统一地方教育附加政策有关事宜通知如下：

（1）统一开征地方教育附加。尚未开征地方教育附加的省份，省级财政部门应按照《教育法》的规定，根据本地区实际情况尽快研究制定开征地方教育附加的方案，报省级人民政府同意后，由省级人民政府于 2010 年 12 月 31 日前报财政部审批。

（2）统一地方教育附加征收标准。地方教育附加征收标准统一为单位和个人（包括外商投资企业、外国企业及外籍个人）实际缴纳的增值税、营业税和消费税税额的2%。已经财政部审批且征收标准低于2%的省份，应将地方教育附加的征收标准调整为2%，调整征收标准的方案由省级人民政府于 2010 年 12 月 31 日前报财政部审批。

（3）各省、自治区、直辖市财政部门要严格按照《教育法》规定和财政部批复意见，采取有效措施，切实加强地方教育附加征收使用管理，确保基金应收尽收，专项用于发展教育事业，不得从地方教育附加中提取或列支征收或代征手续费。

（4）凡未经财政部或国务院批准，擅自多征、减征、缓征、停征，或者侵占、截留、挪用地方教育附加的，要依照《财政违法行为处罚处分条例》（国务院令〔2004〕第 427 号）和《违反行政事业性收费和罚没收入收支两条线管理规定行政处分暂行规定》（国务院令〔2000〕第 281 号）追究责任人的行政责任；构成犯罪的，依法追究刑事责任。

【使用说明】

（1）关于税金计算中“税率按照工程所在地的税务部门的规定计算”，实际上是由承包工程的施工企业按其驻地的税务部门规定缴费，但在可行性研究及初步设计阶段，由于还无法确定施工单位，因此只能按照工程所在地来确定。

（2）应注意税金计费基数的问题。

第四节　设备购置费的构成与计算规定

设备购置费是指为项目建设而购置或自制各种设备，并将设备运至施工现场指定位置所支出的费用。设备购置费包括设备费和设备运杂费。

计算公式：

设备购置费＝设备费＋设备运杂费

一、设备费

设备费是指按照设备供货价格购买设备所支付的费用（包括包装费）。自制设备按照以供货价格购买此设备计算。

【使用说明】

设备的招标供货合同价格、协议供货合同价格、出厂价格、供应商供货仓库的出库价格均可称为供货价格，在确定供货价格时一定要明确双方的交货地点。

二、设备运杂费

设备运杂费是指设备自供货地点（生产厂家、交货货栈或供货商的储备仓库）运至施工现场指定位置所发生的费用，包括设备的上站费、下站费，运输费，运输保险费以及仓储保管费。

计算公式：

设备运杂费＝设备费×设备运杂费率

其中：设备运杂费率＝铁路、水路运杂费率

十公路运杂费率

（一）铁路、水路运杂费率

（1）主设备（主变压器、换流变压器、换流阀、高压电抗器及平波电抗器、组合电器）铁路、水路运杂费费率：运距 100km 以内，费率为 1.5%，超过 100km 时，每增加 50km 费率增加 0.08%；运距不足 50km 按 50km 计取。

（2）其他设备铁路、水路运杂费费率见表 3.4.1。

表 3.4.1　其他设备铁路、水路运杂费率

序号	适　用　地　区	费率（%）
1	上海、天津、北京、辽宁、江苏	3.0
2	浙江、安徽、山东、山西、河南、河北、黑龙江、吉林、湖南、湖北	3.2
3	陕西、江西、福建、四川、重庆	3.5
4	内蒙古、云南、贵州、广东、广西、宁夏、甘肃（武威及以东）、海南	3.8
5	新疆、青海、甘肃（武威以西）	4.5

（二）公路运杂费费率

公路运输的运距在 50km 以内，费率为 1.06%；运距超过 50km 时，每增加 50km 费率增加 0.35%；运距不足 50km 按 50km 计取。

（三）其他说明

供货商直接供货到现场的，只计取卸车费及保管费，主设备按设备费的 0.5%计算，其他设备按设备费的 0.7%计算。

【使用说明】

（1）从目前设备招标和实际供货情况看，一般大型（主）设备供货商的交货方式主要有车板或船板交货和台上交货两种。其中车板或船板交货又可分为中转的车站（码头）车板交货和现场车板交货两种，如果是前者还要发生大件运输费

（需要做大件运输方案）；如果是后者，则会发生卸车费及保管费（卸车及保管费率为 0.5%，其中卸车费率为 0.125%，保管费率为 0.375%）；如果是台上交货则不需计列卸车及保管费。辅助设备一般需要运达甲方设备仓库进行保管，卸车及保管费用按照设备费的 0.7%计算，其中卸车费率为 0.175%，保管费率为 0.525%。

（2）以上费率中均不包括因运输超限设备而发生的路、桥加固改造，以及障碍物迁移等措施费用。

（3）设备购置费中只包含随设备供货的备品备件，后续供货备品备件（包括已签在合同中的）不应计入。

第五节　其他费用及基本预备费计算规定

其他费用是指为完成工程项目建设所必需的其他相关费用，包括建设场地征用及清理费、项目建设管理费、项目建设技术服务费、生产准备费、大件运输措施费。

计算公式：

其他费用＝建设场地征用及清理费＋项目建设管理费
＋项目建设技术服务费＋生产准备费
＋大件运输措施费

一、建设场地征用及清理费

建设场地征用及清理费是指为获得工程建设所必需的场地，并使之达到施工所需的正常条件和环境而发生的有关费用。包括土地征用费、施工场地租用费、迁移补偿费、余物清理费、输电线路走廊施工赔偿费、通信设施防输电线路干扰措施费。

计算公式：

建设场地征用及清理费＝土地征用费
＋施工场地租用费＋迁移补偿费

+余物清理费+输电线路走廊施工赔偿费+通信设施防输电线路干扰措施费

【使用说明】

（1）根据《土地法》《森林法》《环境保护法》《物权法》等一系列法律、法规的规定，各地出台了很多与土地、环境保护等相关的收费项目，如土地复垦费、植被恢复费、水土流失补偿费、权属地基调查费、房屋拆迁配套费、宅基地补偿费、房屋拆迁赔偿费、青苗赔偿费等，这些费用的划分，应按照“建设场地征用及清理费”中各项目的定义分类汇总计入相关费用。与环保和水土保持有关的费用应按照是属于补偿（评价）性质、工程项目或是行政收费性质，分别划入前期工作费、工程本体（或辅助生产工程）费用或工程建设监测费。如土地复垦费和植被恢复费一般是施工租用场地到期后进行复垦和植被恢复发生的费用，因此应计入“施工场地租用费”；行政主管部门收取的水土流失补偿费计入“工程建设监测费”中的“水土保持项目验收及补偿费”；对于权属地基调查费、房屋拆迁配套费、宅基地补偿费、房屋拆迁赔偿费、青苗赔偿费等，如果是工程所征用土地上发生的，应计入“土地征用费”，如果是施工租用场地上发生的，应计入“施工场地租用费”。

（2）为满足建设需要，对建设场地范围内的军事区、规划区、机关、企业、住宅及其他建筑物、构筑物、电力线、通信线、公路、铁路、地下管道、沟渠道、坟墓、林木等进行拆除、迁移、改造、封闭或采取限制措施所发生的补偿费用，以及打谷场、鱼塘、经济作物的赔偿费用，应按照以下原则处理：需要迁移补偿的列入“迁移补偿费”项目，征用场地内建筑物和构筑物的清理费用列入“余物清理费”；需要就地保护的设施和打谷场、鱼塘、经济作物的赔偿费用，属于被征用土地上的计入“土地征用费”项目，属于所租用的建设场地上的计入“施工场地租用费”。

（3）关于土地费用和房屋折迁费用，本规定中按照工程所在地人民政府规定计算，该处所说的人民政府是指省级人民政府。

（4）在办理土地征用和相关赔偿工作中，要同各级政府部门、村镇和村民做很多协调工作，所发生的协调费用和招待费用已按照国家有关招待费标准在项目法人管理费项目中综合考虑，不得另行计列。

（5）关于森林砍伐及植被恢复费用应视该土地的使用性质而定。如果是站区被征用土地上的林木砍伐和植被恢复费用在“迁移补偿费”中考虑；如果是在租用的施工场地上的林木砍伐和恢复费用在“施工场地租用费”中考虑。

1．土地征用费

定义：土地征用费是指按照《中华人民共和国土地法》的规定，建设项目法人单位为取得工程建设用地使用权而支付的费用，包括土地补偿费、安置补助费、耕地开垦费、勘测定界费、征地管理费、证书费、手续费以及各种基金和税金等。

【计费依据】《中华人民共和国土地管理法》《土地管理法实施条例》《耕地占用税暂行条例》(国务院〔2007〕第511号令),《城镇土地使用税暂行条例》(国务院〔1988〕第17号令)。

计算标准：根据有关法律、法规、国家行政主管部门以及省（自治区、直辖市）人民政府规定计算。

【使用说明】

（1）为办理土地使用权证向政府部门交纳的税费应列入“土地征用费”项目。

（2）在征地过程中发生的土地补偿金、安置补助费、耕地开垦费、耕地占用税、勘测定界费、征地管理费、办证费等应列入“土地征用费”项目。

2. 施工场地租用费

施工场地租用费是指为保证工程建设期间的正常施工，需临时占用或租用场地所发生的费用，包括占用补偿、场地租金、场地清理、复垦费和植被恢复等费用。

【计费依据】《土地管理法》《土地管理法实施条例》《土地复垦规定》（国务院〔1988〕第19号令），《森林植被恢复费征收使用管理暂行办法》（财综〔2002〕73号）。

计算标准：根据有关法律、法规、国家行政主管部门和工程所在地人民政府规定，按照项目法人与土地所有者签订的租用合同计算。

【相关政策】

1. 我国的土地可以租用的相关规定

（1）如果是农用地，按《农村土地承包法》第二十条规定：耕地的承包期为三十年。草地的承包期为三十年至五十年。林地的承包期为三十年至七十年；特殊林木的林地承包期，经国务院林业行政主管部门批准可以延长。《土地管理法实施条例》第十七条规定：开发未确定土地使用权的国有荒山、荒地、荒滩从事种植业、林业、畜牧业或者渔业生产的，经县级以上人民政府依法批准，可以确定给开发单位或者个人长期使用，使用期限最长不得超过五十年。承包经营人取得农村土地承包经营权是一种物权，如果租用承包经营人的土地，双方应签订合同。

（2）如果租用的不是农地，《土地管理法实施条例》第九条规定：土地利用总体规划的规划期限一般为十五年。

（3）所谓的甲方、乙方，其一必是国家或集体。因为我国土地归国家、集体所有。

（4）租金由双方协商确定。

2．土地复垦

（1）土地复垦是指对在生产建设过程中因挖损、塌陷、压占、污染等造成破坏的土地，采取整治措施，使其达到可供利用状态或恢复生态的活动。

（2）土地复垦适用范畴：包括非生产建设或临时堆放活动造成的土地破坏。

（3）复垦后的建设用地属于出让土地的，其使用年限为从复垦协议签订之日起国家规定的该用途的最高年限，农用土地为三十年承包经营权。

3．迁移补偿费

迁移补偿费是指为满足工程建设需要，对所征用土地范围内的机关、企业、住户及有关建筑物、构筑物、电力线、通信线、铁路、公路、沟渠、管道、坟墓、林木等进行迁移所发生的补偿费用。

计算标准：迁移补偿费按照工程所在地人民政府规定计算。

4．余物清理费

余物清理费是指为满足工程建设需要，对所征用土地范围内原有的建筑物、构筑物等有碍工程建设的设施进行清理所发生的各种费用。按表 3.5.1 计算出的费用不包括拆除费用，拆除费用另计并列入余物清理费项下。

计算公式：

余物清理费＝取费基数×费率（见表 3.5.1）

表 3.5.1　余物清理费费率

工程类别	取费基数	费率（%）
一般砖木结构及临时简易建筑	拆除工程直接工程费	10
混合结构	拆除工程直接工程费	15

表 3.5.1（续）

工程类别		取费基数	费率（%）
混凝土及钢筋混凝土结构	有条件爆破的	拆除工程直接工程费	20
	无条件爆破的	拆除工程直接工程费	30

【使用说明】

（1）按表 3.5.1 计算出的费用中只包含对建筑物、构筑物的清理费用（不包括建筑物、构筑物拆除费用），以及 5km 以内的运输及装卸费。当所发生的运输距离超过 5km 时，运输费还需另外计算。

（2）当拆除对象是电网工程时，其拆除及设备材料清运费请参照“电网技术改造工程定额及费用计算规定”中拆除部分的相关内容，计列到本项费用项下。

（3）当拆除对象为非电网工程时，拆除和余物清理费按照表 3.5.2 规定的费率计算，但应扣除残余物回收金额，计列到本项费用项下。

表 3.5.2 非电网工程拆除及余物清理费计算表

项目名称			计算公式	费率（%）
安装工程	金属结构	拆除后金属结构能利用	安装工程新建直接费×费率	45
		拆除后金属结构不能利用	安装工程新建直接费×费率	29
	炉墙、保温		安装工程新建直接费×费率	25
	金属结构及工业管道		安装工程新建直接费×费率	35
	机电设备		安装工程新建直接费×费率	28
铁路工程	铁路站		工程新建直接费×费率	18
	铁道线		工程新建直接费×费率	10

注：1．安装工程新建直接费中不包括未计价材料费。
2．包括运距在 5km 及以内运输与装卸费用，当运距超过 5km 时，运输费用另外计算。

5．输电线路走廊施工赔偿费

输电线路走廊施工赔偿费是指按照输电线路建设规程、规范的要求，对线路走廊内非征用和租用土地上的建筑物、构筑物、林木、经济作物等需要进行清理，或因工程施工对其造成破坏而进行赔偿所发生的费用。

计算规定：按照工程所在地人民政府规定计算。

【使用说明】

城市电缆线路工程施工中的城市道路挖掘和破路费、绿化赔偿费列入“输电线路走廊施工赔偿费”。

6．通信设施防输电线路干扰措施费

通信设施防输电线路干扰措施费是指拟建输电线路与现有通信线路交叉或平行时，为消除干扰影响，对通信线路进行迁移或加装保护设施所发生的费用。

计算规定：依据设计方案以及项目法人与通信部门签订的合同或达成的补偿协议计算。

【使用说明】

鉴于目前油、气等管道大量铺设，电力线路会对其产生相互干扰破坏现象，若发生赔偿费用的，可将赔偿费用列计在此项目中。

二、项目建设管理费

项目建设管理费是指建设项目经核准后，自项目法人筹建至竣工验收合格并移交生产的合理建设期内对工程进行组织、管理、协调、监督等工作所发生的费用。包括项目法人管理费、招标费、工程监理费、设备监造费、工程结算审核费、工程保险费。

计算公式：

项目建设管理费＝项目法人管理费＋招标费
＋工程监理费＋设备材料监造费
＋工程结算审核费＋工程保险费

1．项目法人管理费

项目法人管理费是指项目管理单位在项目管理工作中发生的机构开办费及日常管理性费用，其内容包括：

（1）项目管理机构开办费。包括相关手续的申办费，必要办公家具、生活家具、办公用具和交通工具的购置费用。

（2）项目管理工作经费。包括工作人员的基本工资、工资性补贴、辅助工资、职工福利费、劳动保护费、社会保险费、住房公积金、日常办公费用、差旅交通费、固定资产使用费、工具用具使用费、技术图书资料费、工程档案管理费、水电费、教育及工会经费、工程审计费、合同订立与公证费、法律顾问费、咨询费、会议费、业务接待费、消防治安费、采暖及防暑降温费、印花税、房产税、车船税、车辆保险及运检费、设备材料的催交及验货费、工程主要材料监造费、建设项目劳动安全验收评价费、工程项目竣工的清理费及验收费等。

【计费依据】《火电、送变电工程建设预算费用构成及计算标准（2002 年版）》（国家经贸委〔2002〕16 号）。

计算公式：

项目法人管理费＝取费基数×费率（见表 3.5.3）

表 3.5.3　项目法人管理费费率

<table>
<tr><th rowspan="2">工程类别</th><th rowspan="2">取费基数</th><th colspan="5">电压等级（kV）及费率（%）</th></tr>
<tr><th>220 及以下</th><th>330</th><th>500</th><th>750</th><th>1000</th></tr>
<tr><td>变电</td><td>建筑工程费＋安装工程费</td><td>3.73</td><td>3.24</td><td>2.86</td><td>2.56</td><td>2.24</td></tr>
<tr><td>架空线路</td><td>建筑工程费＋安装工程费</td><td colspan="2">1.17</td><td colspan="2">1.06</td><td>0.95</td></tr>
<tr><td>电缆线路</td><td>建筑工程费＋安装工程费</td><td colspan="5">3.35</td></tr>
<tr><td>系统通信</td><td>建筑工程费＋安装工程费＋设备购置费</td><td colspan="5">1.43</td></tr>
</table>

【使用说明】

（1）关于工程审计，按照谁委托谁付费的原则处理。如果是国家审计，费用由国家审计部门负担；如果是项目上级主管部门委托，费用由上级主管部门负担；如果是项目法人委托审计，其费用在项目法人管理费中考虑。

（2）在电网工程建设项目中，设备材料的合同签订、催交验货、现场开箱检查等工作一般由项目法人单位的物资部门负责管理服务，其费用应视其工作内容在相应费用项目下支付。设备材料的招标、订货、合同签订服务费用在招标费用中考虑；催交验货服务费用由项目管理工作费用中考虑；现场开箱检查费用由采购保管费用（包括在材料预算价格中）中考虑。但如果是项目法人与物资部门签订的是供货合同，物资部门作为供货代理商赚取设备材料差价时，其所有费用均包括在设备材料价格中，不应另行计费。

（3）关于工程的达标评优费用，按照正常的施工验收规程、规范，竣工工程必须为达标工程，不另计费用。如果需要评优，按照谁主张谁负担的原则，如果是施工企业主张的，费用在施工企业管理费中列支；如果是建设项目法人主张的，费用在项目法人管理费中列支。

（4）如果工程发生市政配套费用时，应视其性质进行归类处理。市政配套设施的工程费用应单列工程项目计入建安工程费，政府部门的市政配套审批收费在“项目前期工程费”中已经考虑，市政配套设施的检查验收费用在“项目法人管理费”中已经考虑。

（5）工程决算是项目法人单位财务部门的正常工作，费用由项目法人管理费开支。

（6）本次修编，对项目法人管理费作了如下调整：

1）将“施工图文件审查费”分离出去，独立列项，归并到设计文件评审费项下。

2）将“工程结算审核费”分离出去，独立列项。

3）将“养路费”删除。

（7）本规定中不鼓励对工程用材料进行监造，但对于新型、特种材料，业主要求进行必要监造的，其费用可由本项支出，但总额不得突破。

（8）扩建工程按表中费率乘以 0.9 系数。

2. 招标费

招标费是指按招投标法及有关规定开展招标工作，自行组织或委托具有资格的机构编制审查技术规范书、最高投标限价、标底、工程量清单等文件，以及委托招标代理机构进行招标所需要的费用。技术规范书、最高投标限价、标底、工程量清单的编制审查费用按照相关计费标准在本费用中支付。招标文件的编制审查费用及招标、评标过程发生的费用包括在招标代理服务费中，招标代理服务费按照相关计费标准在本费用中支付。

【计费依据】《中华人民共和国招标投标法》《火电、送变电工程建设预算费用构成及计算标准（2002 年版）》（国家经贸委〔2002〕16 号），《国家发展改革委关于进一步放开建设项目专业服务价格的通知》（发改价格〔2015〕299 号），《关于落实〈国家发展改革委关于进一步放开建设项目专业服务价格的通知〉（发改价格〔2015〕299 号）的指导意见》（中电联定额〔2015〕162 号）。

计算公式：

招标费＝取费基数×费率（见表 3.5.4）

表 3.5.4　招标费费率

工程类别	取费基数	电压等级（kV）及费率（%）		
		220 及以下	500 及以下	750 及以上
变电	建筑工程费＋安装工程费	3.05	2.33	2.07

表 3.5.4（续）

工程类别	取费基数	电压等级（kV）及费率（%）		
		220 及以下	500 及以下	750 及以上
架空线路	安装工程费	0.37	0.28	0.21
电缆线路	建筑工程费＋安装工程费	1.65		
系统通信	建筑工程费＋安装工程费＋设备购置费	0.45		

【使用说明】

（1）技术规范书一般委托设计单位编制完成。其费用应在本项费用内列支。

（2）招标费中不包括项目前期工作（例如采用招标方式确定项目可行性方案编制单位等）中发生的招标费用，该阶段的费用均在前期工作费中考虑。

（3）目前各公司大多采用集中招标方式确定主要设备和材料的供货单位，在这种方式下招标费的计定和使用原则：在编制建设预算时应按照本标准规定执行，在实际使用时可由企业根据实际情况制定相应的使用、管理办法。

（4）在建设预算编制中，招标代理费可参照《关于落实〈国家发展改革委关于进一步放开建设项目专业服务价格的通知〉（发改价格〔2015〕299 号）的指导意见》（中电联定额〔2015〕162 号）计列。

【相关规定】

（1）招标代理机构的工作内容：接受招标人的委托，编制招标文件（包括编制资格预审文件和标底），审查投标人资格，组织投标人踏勘现场并答疑，组织开标、评标、定标，以及提供招标前期咨询、协调合同的签订等。

（2）招标代理机构的代理权限的界定：

《招标投标法》第十五条规定："招标代理机构应当在招

标人委托的范围内办理招标事宜，并遵守本法关于招标人的规定。”这一条规定了招标代理机构的代理权限范围。

代理成为一种独立的法律制度，是商品经济发展的结果。代理制度的产生，能使民事主体不仅可利用自己的能力和知识参加民事活动，而且可利用他人的能力和知识进行民事活动，从而使民事主体从事民事活动的能力得到了极大的加强。代理制度有助于打破时间、空间的限制，降低交易成本，为民事主体增强竞争能力，更好地实现自己的权利、参与社会经济活动提供了方便。代理行为具有以下特征：第一，代理人以自己的技能为被代理人的利益独立为意思表示。换句话说，代理人的使命是代他人为法律行为，如订立合同、履行债务、请求损害赔偿等。第二，代理人必须以被代理人的名义实施法律行为，即所谓的“直接代理”。第三，代理行为的法律效果直接归属于被代理人。代理的适用，仅限不具有人身性质的行为，依据法律规定或双方约定应由本人实施的民事法律行为不得代理。

从产生代理权的不同根据划分，我国《民法通则》规定了三类代理：基于被代理人的委托授权发生的委托代理，基于法律的直接规定而发生的法定代理，基于法院或有关机关的指定行为发生的指定代理。委托代理作为一种最常见、最广泛适用的代理形式，受托人与委托人签订委托合同，以及委托人做出委托授权行为是其产生的前提。最根本的一点是，代理人必须在委托的权限范围（代理权限范围）内实施代理行为，只有在此范围内进行的民事活动，才能被视为被代理人的行为，被代理人对代理行为的法律后果方承担民事责任。从《招标投标法》和《民法通则》的规定看，招标代理机构是依法设立、从事招标代理业务并提供相关服务的社会中介组织。其主要职责是接受招标人的委托，代为办理有关招标事宜，如编制招标文件、组织评标、协调合同的签订和履行等。因此，从法律意义上说，招标代理属于委托代理的一种，应遵守法律的有关规定。

招标代理机构在招标人委托的权限范围内，以招标人的名义办理招标事宜，为招标人取得权利、设定义务。因此，在招标投标活动中，尽管投标人是与招标代理机构进行联系的，但其代表的是招标人的利益，行为后果也由招标人承担。

3．工程监理费

工程监理费是指依据国家有关规定和规程规范要求，项目法人委托工程监理机构对建设项目全过程实施监理所支付的费用。

【计费依据】《建设工程监理规范》（GB 50319—2000），《国家发展改革委关于进一步放开建设项目专业服务价格的通知》（发改价格〔2015〕299 号），《关于落实〈国家发展改革委关于进一步放开建设项目专业服务价格的通知〉（发改价格〔2015〕299 号）的指导意见》（中电联定额〔2015〕162 号）。

【计费方式】在建设预算编制中，监理费可参照《关于落实〈国家发展改革委关于进一步放开建设项目专业服务价格的通知〉（发改价格〔2015〕299 号）的指导意见》（中电联定额〔2015〕162 号）计列。

4．设备监造费

设备监造费是为保证工程建设所需设备的质量，按照国家行政主管部门颁布的设备监造（监制）管理办法的要求，项目法人或委托具有相关资质的机构在主要设备的制造、生产期间对原材料质量以及生产、检验环节进行必要的见证、监督所发生的费用。

推荐设备监造范围：变压器、电抗器、断路器、隔离（接地）开关、组合电器、串联补偿装置、换流阀、阀组避雷器等主要设备。如果扩大范围对其他设备进行监造、监制时，本项费用不调整。

【计费依据】《火电、送变电工程建设预算费用构成及计算标准（2002 年版）》（国家经贸委〔2002〕16 号），建设工程监理规范（GB 50319—2013）。

计算公式：

设备监造费＝取费基数×费率（见表 3.5.5）

表 3.5.5 设备监造费费率

工程类别	取费基数	电压等级（kV）及费率（%）		
		220 及以下	500 及以下	750 及以上
变电	设备购置费	0.87	0.70	0.46

【使用说明】

（1）设备监造费中“进口设备”不计入计费基数，对于分散进口的小型设备，价格一般参照国内设备以人民币的形式在表三中估列，费用汇总计入设备购置费，在计算设备监造费时不必扣除。

（2）对于以上监造范围之外的设备和主要工程材料，如果项目法人要求监造时，费用由项目法人管理费中开支，但总费用不得突破。

5. 工程结算审核费

工程结算审核费是指根据工程合同和电力行业工程结算规定，为保证工程价款的及时拨付，项目法人单位组织工程造价专业人员或委托具有相关资质的工程造价咨询机构，依据工程建设资料，进行工程量计算、核定，编制工程结算文件，并组织各方对工程结算文件进行审核、确认所发生的费用。

【计费依据】《火电、送变电工程建设预算费用构成及计算标准（2002 年版）》（国家经贸委〔2002〕16 号），《中国建设工程造价管理协会关于规范工程造价咨询服务收费的通知》(中价协〔2013〕35号)。

计算公式:

工程结算审核费=取费基数×费率(见表3.5.6)

表3.5.6 工程结算审核费费率

工程类别	取费基数	电压等级(kV)及费率(%)		
		220及以下	500及以下	750及以上
输变电	建筑工程费+安装工程费	0.35	0.30	0.24

【使用说明】

(1)本项费用是从原“项目法人工作经费”,现“项目管理工作经费”中分离出来的。是鉴于目前工程造价咨询产业的快速发展,充分利用社会上的专业力量,从而帮助电力行业更好地实现全过程工程造价管理。

(2)本次费率的设定参考了中国建设造价管理协会发布的工程造价咨询收费标准。另外,此项费用是专门为从事电力工程实施阶段进行造价确定与控制工作给定的费用。

(3)输电线路工程,当线路长度超过500km时,超过部分每增加100km,费率乘以0.92系数。

6. 工程保险费

工程保险费是指项目法人对项目建设过程中可能造成工程财产、安全等的直接或间接损失进行保险所支付的费用。

【计费依据】《火电、送变电工程建设预算费用构成及计算标准(2002年版)》(国家经贸委〔2002〕16号)。

计算标准:根据工程实际情况,按照保险范围和保险费率计算。

【使用说明】

(1)修改了2006版预规中“按照实际保险范围和费率

计算，从基本预备费中支付”的相关表述，现改为“如果需要计算，费用单独计列”。

（2）工程保险的内容和品种由项目主管单位审核确定。

（3）在可研阶段和初设阶段，工程保险费可以参照同类工程计列。

三、项目建设技术服务费

项目建设技术服务费是指委托具有相关资质的机构或企业，为工程建设提供技术服务和技术支持所发生的费用。包括项目前期工作费、知识产权转让与研究试验费、勘察设计费、设计文件评审费、项目后评价费、工程建设检测费、电力工程技术经济标准编制管理费。

计算公式：

项目建设技术服务费＝项目前期工作费＋知识产权转让与研究试验费＋勘察设计费＋设计文件评审费＋项目后评价费＋工程建设检测费＋电力工程技术经济标准编制管理费

1．项目前期工作费

项目前期工作费是指项目法人在项目前期阶段进行分析论证、可行性研究、规划选址、方案设计、评审评价以取得核准所发生的费用。包括进行项目可行性研究设计、规划许可、土地预审、环境影响评价、劳动安全卫生预评价、地质灾害评价、地震灾害评价、水土保持方案编审、矿产压覆评估、林业规划勘测、文物普勘、节能评估、社会稳定风险评估等各项工作所发生的费用，以及分摊在本工程中的电力系统规划设计、接入系统设计的咨询费，开展前期工作所发生的实际管理费用等。

【计费依据】《地质灾害防治条例》（国务院令〔2003〕第 394 号），国土资源部《关于加强地质灾害危险性评估工作的通知》（国土资发〔2004〕69号），国土资源部《关于规范建设项目压覆矿产资源审批工作的通知》（国土资发〔2000〕386号），国家计委、国家环境保护总局《关于规范环境影响咨询收费有关问题的通知》（计价格〔2002〕125号），《建设项目（工程）劳动安全卫生监察规定》（劳动部〔1997〕第3号令），《建设项目（工程）劳动安全卫生预评价管理办法》（劳动部〔1998〕第10号令），《火电、送变电工程建设预算费用构成及计算标准（2002年版）》（国家经贸委〔2002〕16号），《国家发展改革委关于进一步放开建设项目专业服务价格的通知》（发改价格〔2015〕299号），《关于落实〈国家发展改革委关于进一步放开建设项目专业服务价格的通知〉（发改价格〔2015〕299号）的指导意见》（中电联定额〔2015〕162号）等。

【计费方式】在建设预算编制中，项目前期工作费可参照《关于落实〈国家发展改革委关于进一步放开建设项目专业服务价格的通知〉（发改价格〔2015〕299号）的指导意见》（中电联定额〔2015〕162号）计列。

2．知识产权转让与研究试验费

知识产权转让费是指项目法人在本工程中使用专项研究成果、先进技术所支付的一次性转让费用；研究试验费是指为本建设项目提供或验证设计数据进行必要的研究试验所发生的费用，以及设计规定的施工过程中必须进行的研究试验费用。

【计费依据】《火电、送变电工程建设预算费用构成及计算标准（2002年版）》（国家经贸委〔2002〕16号）。

计算标准：根据项目法人提出的项目和费用计列。

【使用说明】

知识产权转让与研究试验费不包括以下费用：

（1）应该由科技三项费用（即新产品试制费、中间试验费和重要科学研究补助费）开支的项目。

（2）应该由管理费开支的鉴定、检查和试验费。

（3）应该由勘察设计费中开支的项目。

3. 勘察设计费

勘察设计费是指对工程建设项目进行勘察设计所发生的费用。勘察设计费包括：项目的各项勘探、勘察费用，初步设计、施工图设计费、竣工图文件编制费，施工图预算编制费，设计代表的现场技术服务费以及非标准设备设计文件编制费。按其内容划分为勘察费和设计费。

【计费依据】《工程勘察设计收费管理规定》（计价格〔2002〕10号），《国家发展改革委关于进一步放开建设项目专业服务价格的通知》（发改价格〔2015〕299号），《关于落实〈国家发展改革委关于进一步放开建设项目专业服务价格的通知〉（发改价格〔2015〕299号）的指导意见》（中电联定额〔2015〕162号）等。

计算公式：

$$勘察设计费=勘察费+设计费$$

（1）勘察费。

工程勘察收费，指工程勘察机构接受委托，提供收集已有资料、现场踏勘、制定勘察纲要，进行测绘、勘探、取样、试验、测试、检测、监测等勘察作业，以及编制工程勘察文件和岩土工程设计文件等服务收取的费用。

【计费方式】在建设预算编制中，勘察费可参照《关于落实〈国家发展改革委关于进一步放开建设项目专业服务价格的通知〉（发改价格〔2015〕299号）的指导意见》（中电联定额〔2015〕162号）计列。

（2）设计费。

工程设计收费，指工程设计机构接受委托，提供编制建设项目初步设计文件、施工图设计文件、非标准设备设计文件、施工图预算文件、竣工图文件等服务收取的费用。

【计费方式】在建设预算编制中，设计费可参照《关于落实〈国家发展改革委关于进一步放开建设项目专业服务价格的通知〉（发改价格〔2015〕299 号）的指导意见》（中电联定额〔2015〕162 号）计列。

4. 设计文件评审费

设计文件评审费是指项目法人根据国家及行业有关规定，对工程项目的设计文件进行评审所发生的费用。包括可行性研究设计文件评审费、初步设计文件评审费和施工图文件审查费。

【计费依据】《火电、送变电工程建设预算费用构成及计算标准（2002 年版）》（国家经贸委〔2002〕16 号）。

计算公式：

设计文件评审费＝可行性研究设计文件评审费
＋初步设计文件评审费
＋施工图文件审查费

（1）可行性研究设计文件评审费。

可行性研究设计文件评审费是指项目法人委托有资质的评审机构，依据法律、法规和行业规定，从政策、规划、技术和经济等方面，对工程项目的必要性和可行性进行全面评审并提出可行性评审报告所发生的费用。

计算规定：

1）变电站、换流站、架空线路工程可行性研究设计文件评审费计算规定见表 3.5.9、表 3.5.10、表 3.5.11，其中已经包括了同期建设的系统通信工程评审。

2）电缆线路工程、单独通信工程可行性研究设计文件评审费计算公式：

可行性研究设计文件评审费＝（勘察费＋基本设计费）×1.32%

（2）初步设计文件评审费。

初步设计文件评审费是指项目法人委托有资质的咨询机构依据法律、法规和行业规定，对初步设计方案的安全性、可靠性、先进性和经济性进行全面评审并提出评审报告所发生的费用。

计算规定：

1）变电站、换流站、架空线路工程初步设计文件评审费计算规定见表 3.5.7、表 3.5.8、表 3.5.9，其中已经包括了同期建设的系统通信工程评审。

2）电缆线路工程、单独通信工程初步设计文件评审费计算公式：

初步设计文件评审费＝（勘察费＋基本设计费）×2.33%

（3）施工图文件审查费。

施工图文件审查费是指根据国家有关规定，由项目法人单位组织，依据国家规定标准和电力行业规程、规范，对施工图中有关结构安全、公共利益及国家或行业强制性规范条款的落实情况进行审查所发生的费用。

计算公式：

施工图文件审查费＝基本设计费×2.5%

表 3.5.7　变电站工程评审费费用规定

电压等级（kV）	项目名称	规模	费用规定（万元）	
			可行性研究	初步设计
35	新建工程	1 组	1.4	2
	扩建主变压器工程	1 组	0.7	1
	扩建间隔工程		0.35	0.5
110	新建工程	1 组	4.5	6
	扩建主变压器工程	1 组	1.4	2
	扩建间隔工程		0.6	0.8

表 3.5.7（续）

电压等级（kV）	项目名称	规模	费用规定（万元）	
			可行性研究	初步设计
220	新建工程	1组	5.6	8
	扩建主变压器工程	1组	2	3.5
	扩建间隔工程		0.7	1.2
330	新建工程	2组	16	23
	扩建主变压器工程	1组	5	7
	扩建间隔工程		2	3
500	新建工程	2组	24	34
	扩建主变压器工程	1组	8	12
	扩建间隔工程		3	4
750	新建工程	2组	32	45
	扩建主变压器工程	1组	14	20
	扩建间隔工程		7	10
1000	新建工程	2组	60	82
	扩建主变压器工程	1组	22	30
	扩建间隔工程		11	15

表 3.5.8　直流换流站工程评审费费用规定

规　　模		费用规定（万元）	
		可行性研究评审	初步设计评审
双极线	±500kV	36	60
	±800kV	120	195

表 3.5.9　架空线路工程评审费费用规定

电压等级（kV）	规模范围（km）	费用规定（万元/km）	
		可行性研究评审	初步设计评审
35	100以内	0.11	0.15
110	100以内	0.17	0.24

表 3.5.9（续）

电压等级（kV）	规模范围（km）	费用规定（万元/km）	
		可行性研究评审	初步设计评审
220	100 以内	0.22	0.33
330	100 以内	0.24	0.36
	100～300	0.13	0.20
	300 以上	0.10	0.13
500	100 以内	0.36	0.49
	100～300	0.21	0.31
	300 以上	0.15	0.22
750	100 以内	0.60	0.85
	100～300	0.39	0.63
	300 以上	0.29	0.40
1000	100 以内	0.90	1.10
	100～300	0.67	0.98
	300 以上	0.43	0.62
±500	100 以内	0.32	0.45
	100～300	0.18	0.28
	300 以上	0.13	0.20
±800	100 以内	0.66	0.87
	100～300	0.35	0.52
	300 以上	0.24	0.42

【使用说明】

（1）330/500kV 新建工程按本期建设两组主变压器考虑，220kV 及以下按新建一组主变压器考虑，每增减一组主变压器按照 20%调整。

（2）扩建主变压器均按一组考虑，每增加一组主变压器费用增加 20%。

（3）扩建主变压器工程综合考虑了扩建出线。

（4）串联补偿站（静止无功补偿站）按新建工程的 70%计算。

（5）同塔双回线路工程（段）乘以 1.8 系数，三回及以上线路工程，在双回基础上，按每一回调增 20%计列。

（6）覆冰 20mm 及以上线路工程（段），乘以 1.3 系数。

（7）设计风速超过 35m/s 时，乘以 1.1 系数。

（8）500kV 采用 630mm^2 及以上大截面导线时乘以 1.2 系数。

（9）线路长度不足 10km 时，乘以 2.0 系数，大跨越工程除外。

（10）当线路长度超过 500km 时，超过部分每增加 100km，乘以 0.92 系数。

（11）架空线路工程建设规模范围超过 100km，评审费按差额定率累进法计算。

（12）单项工程线路长度按本期相同电压等级总长度计算。

（13）大跨越工程按基本设计费的 4.8%计算。

（14）如果业主要求对施工图预算文件进行审查时，该项费用应在“施工图文件审查费”当中开支，其费率为“施工图文件审查费”的 30%。

5. 项目后评价费

项目后评价费是指根据国家行政主管部门的有关规定，项目法人为了对项目决策提供科学、可靠的依据，指导、改进项目管理，提高投资效益，同时为政府决策提供参考依据，完善相关政策，在建设项目竣工交付生产一段时间后，对项目立项决策、实施准备、建设实施和生产运营全过程的技术经济水平和产生的相关效益、效果、影响等进行系统性评价所支出的费用。

【计费依据】《火电、送变电工程建设预算费用构成及计算标准（2002年版）》（国家经贸委〔2002〕16号）。

本项目应根据项目法人提出的要求计列。

计算公式：

项目后评价费＝取费基数×费率（见表3.5.10）

表3.5.10 项目后评价费费率

工程类别	取费基数	电压等级（kV）及费率（%）		
		220及以下	500及以下	750及以上
输变电	建筑工程费＋安装工程费	0.5	0.35	0.22

【使用说明】

（1）在实际工程中，项目是否需要做后评价，由项目法人决定。

（2）输电线路工程，当线路长度超过500km时，超过部分每增加100km，费率乘以0.92系数。

6．工程建设检测费

工程建设检测费是指根据国家行政主管部门及电力行业的有关规定，对工程质量、环境保护、水土保持设施、特种设备（消防、电梯、压力容器等）安装进行检验、检测所发生的费用。包括电力工程质量检测费、特种设备安全监测费、环境监测验收费、水土保持项目验收及补偿费、桩基检测费。

计算公式：

工程建设检测费＝电力工程质量检测费＋特种设备安全监测费＋环境监测验收费＋水土保持项目验收及补偿费＋桩基检测费

【政策说明】

（1）按照《财政部、国家发改委关于取消和停止征收100

项行政事业性收费项目的通知》（财综〔2008〕78 号）的要求，取消了工程质量监督费。国家要求取消此项费用的原意是鉴于目前国家财政状况已经能够负担起本应由政府财政费用承担的费用，不再向工程投资方收取此费用。这一政策并不意味这项工作不重要，或者被削弱，而是恰恰相反，政府将在各级财政预算中支付该费用，从根本上保证这项工作得到进一步巩固和强化。

（2）根据文件要求，已将此项费用中的工程质量监督费用删除，由政府在财政预算中列支，而将剩余部分费用（电力工程质量检测费、特种设备安全监测费、环境监测验收费、水土保持项目验收及补偿费、桩基检测费）继续列在本项费用中。

（3）工程建设检测费中各项费用的收取和使用对应机构如下：电力工程质量检测费对应的收费主体机构是各级电力工程质量监督机构；特种设备安全监测费所对应的消防验收主体部门是公安消防部门，电梯及压力容器的检查、检测的主体部门是质量技术监督局；环境监测验收、环保检验的主体部门是环保局认可的验收评价机构；水土保持项目验收的主体机构是国土资源和水利部门认可的验收评价机构。

【使用说明】

（1）此项费用是由原工程建设监督检测费转变而来。

（2）根据《建设工程质量管理条例》规定，各级工程质量监督机构依法履行对工程建设的质量管控行为、工程实体质量和设备材料质量的政府监督职责。电力工程质量检测费是专用于电力工程质量监督机构在履行职责时，按照监督检查大纲的要求，委托检测试验机构对工程实体质量进行抽检所发生的检测费用。

（3）根据国家质检总局和住房和城乡建设部的规定，目前全国推行第三方检测制度，同时按照电力行业规定，在工程项目的建设现场必须设立现场试验室，但考虑到检测试验项目的多样性，在本规定中没有将工程检测试验费用单独计列。原则上，相关的检测试验费用均按照“谁委托谁付费”的原则，由委托方支付。根据本规定和概预算定额的相关内容，各类检测试验费用已经按照如下规则在相应的费用项目下予以考虑。

1）建筑工程各类材料（包括混凝土）的检测试验费用，在施工企业的“企业管理费”中已经包括。

2）安装工程各类材料的入库检验费用，作为采购保管费用的一部分，在装置性材料预算价格中已经包括。

3）特种设备检测机构委托电力行业检测试验机构，对工程建设所使用的特种设备（如锅炉、压力容器等）进行检测时，费用应由特种设备检测机构支付。相关费用在“特种设备安全监测费”中已经考虑。

4）电力工程质量监督机构按照质量监督检查大纲规定，委托检测试验机构承担工程质量监督检查过程中的检验试验任务时，费用应由电力工程质量监督机构支付。该费用在“电力工程质量检测费”中已经考虑。

5）建设单位或有关部门委托检测试验机构对特殊桩基进行检测的费用，由建设单位在“桩基检测费”项下支付。

（1）电力工程质量检测费。

电力工程质量检测费是指根据电力行业有关规定，由国家行政主管部门授权的电力工程质量检测鉴定机构对工程建设质量进行检查、检验所发生的费用。

【计费依据】《火电、送变电工程建设预算费用构成及计算标准（2002年版）》（国家经贸委〔2002〕16号）。

计算公式：

电力工程质量检测费＝取费基数×费率（见表3.5.11）

表 3.5.11　电力工程质量检测费率

工程类别	变电	架空线路	电缆线路	系统通信
取费基数	建筑工程费＋安装工程费			
费率（%）	0.30	0.23	0.35	0.18

【测算依据】

电力工程质量监测工作内容及其费用测算主要依据的文件及规定有:《建设工程质量管理条例》《工程质量监督工作导则》《电力建设工程质量监督规定（2005 年版）（暂行）》《电力建设工程质量监督检查典型大纲（2005 年版）（暂行）》《建设工程质量责任主体和相关机构不良记录管理办法（试行）》，及电力建设工程质量监督总站制定的质检工作制度、规定和办法等。

【使用说明】

（1）此项费用是由原工程质量监督检测费转变而来。

（2）如果电力工程质量监测、检验是由质检站指定的有资质的机构进行的，其费用在电力工程质量检测费中考虑。

（2）特种设备安全监测费。

特种设备安全监测费是指根据国务院《特种设备安全监察条例》规定，委托特种设备检验检测机构对工程所安装的特种设备（包括消防、电梯、压力容器等）进行检验、检测所发生的费用。

【计费依据】《特种设备安全监察条例》（国务院〔2003〕第 373 号令），《国务院关于修改〈特种设备安全监察条例〉的决定》（国务院令〔2009〕第 549 号），财政部、国家计委《关于锅炉等特种设备审查及检验收费有关问题的通知》（财综〔2001〕10 号），国家质量监督检验检疫总局《关于实施〈特种设备安全监察条例〉若干问题的意见》（国质检法〔2003〕206 号），《火电、送变电工程建设预算费用构成及计算标准（2002年版）》（国家经贸委〔2002〕16号）。

计算公式：

特种设备安全监测费计算规定见表3.5.12。

表3.5.12　特种设备安全监测费费用规定

工程类别	电压等级（kV）及费用（万元/站）				
	330及以下	750及以下	1000	±500	±800
变电、换流	1	2	5	3	6.5

【使用说明】

（1）按照新的规定要求，此项费用应向工程所在地特种设备监测研究院缴纳。

（2）输电线路工程不计。

（3）环境监测验收费。

环境监测验收费是指根据国家环境保护法律、法规，环境监测机构对工程建设阶段进行监督检测以及对工程环保设施进行验收所发生的费用。

计算标准：根据工程所在省、自治区、直辖市行政主管部门的规定计算。

【使用说明】

（1）按照省级及以上行政主管部门颁发的涉企行政事业性收费目录执行。

（2）此项费用应向从事该项检测检验工作，并具有相应资质的检测机构缴纳。

（4）水土保持项目验收及补偿费。

水土保持项目验收费是指根据《水土保持法》及其《实施条例》对电力工程水土保持设施项目进行检测、验收所发生的费用；水土保持补偿费是指根据《水土保持法》及其《实施条例》，对电力工程占用或损坏水土保持设施、破坏地貌植被、降低水土保持功能以及水土流失防治等给予补偿所发生的费用。

计算标准：根据工程所在省、自治区、直辖市行政主管部门的规定计算。

【使用说明】

（1）按照省级及以上行政主管部门颁发的涉企行政事业性收费目录执行。

（2）关于电网工程水土流失补偿费用，对于构成工程实体的具体水土保持项目如“挡土墙”“护坡”“厂区绿化”等，已按照工程项目划分，列入本体工程；对于需向当地水土保持行政主管部门交纳的水土保持项目检测验收费用、水土流失补偿费用，在“工程建设检测费”中的“水土保持项目验收及补偿费”中考虑。

（5）桩基检测费。

桩基检测费是根据国家有关强制性规定的需要，由有关部门组织对特殊地质条件下使用的特殊桩基进行检测所发生的费用。

计算标准：根据工程实际情况确定。

【使用说明】

（1）本项目中不包括试验桩的制作费用。

（2）桩基检测的工作内容按照省级建设行政主管部门的规定执行。

7. 电力工程技术经济标准编制管理费

电力工程技术经济标准编制管理费是指根据国家行政主管部门授权编制、管理电力工程计价依据、标准和规范等所需要的费用。

【计费依据】《火电、送变电工程建设预算费用构成及计算标准（2002年版）》（国家经贸委〔2002〕16号）。

计算公式：

电力工程技术经济标准编制管理费=（建筑工程费
+安装工程费）×0.1%

四、生产准备费

生产准备费是指为保证工程竣工验收合格后，能够为正常投产运行提供技术保证和资源配备所发生的费用。

计算公式：

生产准备费=管理车辆购置费+工器具及办公家具购置费
+生产职工培训及提前进厂费。

1. 管理车辆购置费

管理车辆购置费是指生产运行单位进行生产管理必须配备车辆的购置费用，费用内容包括车辆原价、运杂费、车辆附加费。

【计费依据】《火电、送变电工程建设预算费用构成及计算标准（2002年版）》（国家经贸委〔2002〕16号）。

计算公式：

管理车辆购置费=取费基数×费率（见表3.5.13）

表3.5.13 管理车辆购置费费率

工程类别	取费基数	电压等级（kV）及费率（%）					
		110及以下	220	330	500	750	1000
变电	设备购置费	0.45	0.37	0.3	0.22	0.16	0.11
架空线路	安装工程费	0.25		0.20			0.14
电缆线路	设备购置费	0.75					
系统通信	安装工程费+设备购置费	0.32					

【使用说明】

如果管理车辆由项目法人单位统一配置，并且不在工程项目中分摊相关费用时，本项费用不计。

2．工器具及办公家具购置费

工器具及办公家具购置费是指为满足电力工程投产初期生产、生活和管理需要，购置必要的家具、用具、标志牌、警示牌、电缆标示桩等发生的费用。

【计费依据】《火电、送变电工程建设预算费用构成及计算标准（2002年版）》（国家经贸委〔2002〕16号）。

计算公式：

工器具及办公家具购置费＝取费基数×费率（见表3.5.14）

表3.5.14　工器具及办公家具购置费费率

<table>
<tr><td colspan="2" rowspan="2">工程类别</td><td rowspan="2">取费基数</td><td colspan="6">电压等级（kV）及费率（%）</td></tr>
<tr><td>110及以下</td><td>220</td><td>330</td><td>500</td><td>750</td><td>1000</td></tr>
<tr><td rowspan="2">变电</td><td>新建</td><td rowspan="4">建筑工程费
＋安装工程费</td><td>1.35</td><td>1.20</td><td>1.18</td><td>1.05</td><td>0.85</td><td>0.78</td></tr>
<tr><td>扩建</td><td>1.14</td><td>1.02</td><td>1.01</td><td>0.89</td><td>0.72</td><td>0.65</td></tr>
<tr><td colspan="2">架空线路</td><td colspan="2">0.21</td><td colspan="2">0.15</td><td>0.11</td><td>0.07</td></tr>
<tr><td colspan="2">电缆线路</td><td colspan="6">1.07</td></tr>
<tr><td colspan="2">系统通信</td><td>安装工程费
＋设备购置费</td><td colspan="6">0.4</td></tr>
</table>

【使用说明】

（1）将原“无人值守变电站、变电站扩建、电缆线路工程和系统通信工程不计此项费用”修改为“无人值守变电站、独立通信站用系统通信费率乘以0.8的系数”。

（2）电网工程的现场标志及投产工程的设备、设施标号牌，凡属于施工现场标志的，由施工单位企业管理费中开支；凡属于即将投产设备、设施的，全部由“工器具及办公家具购置费”开支。

（3）工器具及办公家具购置费中规定“必要的标志牌、警示牌、标示桩等”的界定按照相应的安全施工及文明施工环境规程、规范执行。不包括展示企业形象的标志墙、标志牌、广告牌和变电站视觉识别系统等。

3．生产职工培训及提前场费

生产职工培训及提前进场费是指为保证电力工程正常投产运行，对生产和管理人员进行培训以及提前进厂进行生产准备所发生的费用，其内容包括：培训人员和提前进厂人员的培训费，基本工资、工资性补贴、辅助工资、职工福利费、劳动保护费、社会保险费、住房公积金、差旅费、资料费、书报费、取暖费、教育经费和工会经费等。

【计费依据】《火电、送变电工程建设预算费用构成及计算标准（2002 年版）》（国家经贸委〔2002〕16 号）。

计算公式：

生产职工培训及提前进场费＝取费基数×费率（见表 3.5.15）

表 3.5.15　生产职工培训及提前进场费费率

<table>
<tr><th rowspan="2">工程类别</th><th rowspan="2">取费基数</th><th colspan="6">电压等级（kV）及费率（%）</th></tr>
<tr><th>110 及以下</th><th>220</th><th>330</th><th>500</th><th>750</th><th>1000</th></tr>
<tr><td>变电</td><td rowspan="2">建筑工程费＋安装工程费</td><td>0.70</td><td>0.60</td><td>0.50</td><td>0.43</td><td>0.37</td><td>0.31</td></tr>
<tr><td>架空线路</td><td colspan="2">0.10</td><td colspan="2">0.08</td><td>0.06</td><td>0.04</td></tr>
</table>

【使用说明】

（1）对于变电站扩建、系统通信工程按变电费率乘以 0.5 的系数，电缆线路用架空线路费率乘以 0.5 的系数。

（2）无人值守变电站不计此项费用。

（3）若生产职工培训在企业员工培训计划和任务中统一考虑，费用已在企业生产成本中支出，不计列此项费用。

五、大件运输措施费

大件运输措施费是指超限的大型电力设备在运输过程中发生的路、桥加固改造，以及障碍物迁移等措施费用。

【计费依据】《火电、送变电工程建设预算费用构成及计算标准（2002年版）》（国家经贸委〔2002〕16号）。

计算标准：按照实际运输条件及运输方案计算。

六、基本预备费

基本预备费是指为因设计变更（含施工过程中工程量增减、设备改型、材料代用）增加的费用，一般自然灾害可能造成的损失和预防自然灾害所采取的临时措施费用，以及其他不确定因素可能造成的损失而预留的工程建设资金。

【计费依据】《火电、送变电工程建设预算费用构成及计算标准（2002年版）》（国家经贸委〔2002〕16号）。

计算公式：

基本预备费＝（建筑工程费＋安装工程费＋设备购置费＋其他费用）×费率（见表3.5.16）

表3.5.16　基本预备费费率

设计阶段	变电站、换流站费率（%）		线路工程费率（%）
	220kV及以下	330kV及以上	
可行性研究估算	4.0	3.0	2.0
初步设计概算	2.5	2.0	
施工图预算	1.0	1.0	

【使用说明】

（1）本次修编将基本预备费从其他费用中分离出来，成为与其他费用并列的项目，故此，静态投资就变成了由建筑安装工程费、设备购置费、其他费用和基本预备费构成。

（2）根据电网工程实际，新增设了线路工程的基本预备费项目及对应的费率。

第六节　动态费用的构成与计算规定

动态费用是指对构成工程造价的各要素在建设预算编制基准期至竣工验收期间，因时间和市场价格变化而引起价格增长和资金成本增加所发生的费用，主要包括价差预备费和建设期贷款利息。

计算公式：

动态费用＝价差预备费＋建设期贷款利息

一、价差预备费

价差预备费是指建设工程项目在建设期间内由于价格等变化引起工程造价变化的预测预留费用。

【计费依据】《火电、送变电工程建设预算费用构成及计算标准（2002年版）》（国家经贸委〔2002〕16号）。

计算公式：

$$C=\sum_{i=1}^{n_2}F_i[(1+e)^{n_1+i-1}-1]$$

式中　C——价差预备费。

e——年度造价上涨指数。

n_1——建设预算编制年至工程开工年时间间隔（年）。

n_2——工程建设周期（年）。

i——从开工年开始的第 i 年。

F_i——第 i 年投入的工程建设资金。

年度造价上涨指数依据国家行政主管部门及电力行业主管部门颁布的有关规定执行。

【使用说明】

根据国家计委《关于加强对基本建设大中型项目概算中“价差预备费”管理有关问题的通知》（计投资〔1999〕1340号）规定，投资价格指数按零计算。

二、建设期贷款利息

建设期贷款利息是指项目法人筹措债务资金时，在建设期内发生并按照规定允许在投产后计入固定资产原值的利息。

【计费依据】《火电、送变电工程建设预算费用构成及计算标准（2002年版）》（国家经贸委〔2002〕16号）。

计算公式：

建设期贷款利息＝（年初借款本息累计＋本年贷款/2）×年利率

【使用说明】

（1）计算贷款金额时，应从投资额中扣除资本金。

（2）年利率为编制期贷款实际利率。

第五章　建设预算费用性质划分

第一节　一 般 规 定

一、本费用性质划分用于统一建设预算费用的计算口径和技术经济指标比较分析体系。

【条文解释】本条规定了对电网工程进行费用性质划分所起的作用。费用性质划分的作用主要是用于统一电网工程建设预算费用计算口径，统一电网工程技术经济指标的比较分析体系。

二、本费用性质划分是编制建设预算和工程量清单报价的费用性质划分依据。

【条文解释】本条进一步明确电网工程费用性质划分是编制电网工程可行性研究投资估算、初步设计概算、施工图预算和输变电工程工程量清单报价中计算和汇总、统计各项费用的界定依据。

第二节　各类站工程费用性质划分

一、建筑工程费

建筑工程费除包括建筑工程的本体费用之外，以下项目也列入建筑工程费中：

1　建筑物的上下水、采暖、通风、空调、照明设施（含照明配电箱）。

2　建筑物用电梯的设备及其安装。

3　建筑物的金属网门、栏栅及防雷设施，独立的避雷针、塔，建筑物的防雷接地。

4　屋外配电装置的金属结构、金属构架或支架。

5　换流站直流滤波器的电容器门形构架。

6　各种直埋设施的土方、垫层、支墩，各种沟道的土方、垫层、支墩、结构、盖板，各种涵洞，各种顶管措施。

7　消防设施，包括气体消防、水喷雾系统设备、喷头及其探测报警装置。

8　站区采暖加热站设备及管道，采暖锅炉房设备及管道。

9　生活污水处理系统的设备、管道及其安装。

10　混凝土砌筑的箱、罐、池等。

11　设备基础、地脚螺栓。

12　建筑专业出图的站区工业管道。

13　建筑专业出图的电线、电缆埋管工程。

14　凡建筑工程建设预算定额中已明确规定列入建筑工程的项目，按定额中的规定执行，例如二次灌浆均列入建筑工程等。

【主要变化】

（1）在“1 照明设施”后增加了“含照明配电箱”。

（2）在原“3 建筑物的金属网门、栏栅及防雷设施，独立的 避雷针、塔”中增加了“建筑物的防雷接地”。

（3）将原“7 消防设施”中的“自动控制装置”改为“探测报警装置”。

二、安装工程费

安装工程费除包括工艺系统的各类设备、管道、线缆及其辅助装置的组合、装配以及其材料费用之外，以下项目也列入安装工程费中：

1　设备的维护平台及扶梯。

2　电缆、电缆桥（支）架及其安装，电缆防火。

3　屋内配电装置的金属结构、金属支架、金属网门。

4　换流站阀厅冷却系统。

5　换流站的交、直流滤波电容器塔。

6　设备本体、道路、屋外区域（如变压器区、配电装置区、管道区等）的照明。

7　电气专业出图的空调系统集中控制装置安装。

8　集中控制系统中的消防集中控制装置。

9　接地工程的接地极、降阻剂、焦炭等。

10　安装专业出图的电线、电缆埋管、工业管道工程。

11　安装专业出图的设备支架、地脚螺栓。

12　凡设备安装工程建设预算定额中已明确规定列入安装工程的项目，按定额中的规定执行。

【主要变化】

（1）增加“8 集中控制系统中消防集中控制装置”。

第三节　各类站设备及材料费用性质划分

1　在划分设备与材料时，对同一品名的物品不应硬性确定为设备或材料，而应根据其供应或使用情况分别确定。

2　随设备供货的零部件、备品备件及随设备供应的专用工具，属于设备。

3　凡属于一个设备的组成部分或组合体，不论用何种材料做成或由哪个制造厂供应，即使是现场加工配制的，均属于设备。

4　凡属于各生产工艺系统设备成套供应的，无论是由该设备厂供应，或是由其他厂家配套供应，或在现场加工配置，均属于设备。

5　某些设备难以统一确定其组成范围或成套范围的，应以制造厂的文件及其供货范围为准，凡是制造厂的文件上列出，且实际供应的，应属于设备。

6　设备中的填充物品，不论其是否随设备供应，都属于设备的一部分。例如：变压器、断路器、油浸式电抗器用的变压器油等，均属于设备。

7　配电系统的断路器、电抗器、电流互感器、电压互感器、隔离开关属于设备，封闭母线、共箱母线、管形母线、软母线、绝缘子、金具、电缆、接线盒等属于材料。

8　35kV 及以上高压穿墙套管属于设备。

9　换流阀内冷却系统管道属于设备，外冷却系统管道属于材料。

10　换流站的直流极线和中性线属于材料。

11　对于进口设备，应根据工程的设计规定，按照设备的设计供货范围界定。

12　随设备供应的钢制设备基础框架、地脚螺栓属于设备。

13　建筑工程中给排水、采暖、通风、空调、消防、采暖加热（制冷）站（或锅炉）的风机、空调机（包括风机盘管）和水泵属于设备。

14　凡设备安装工程建设预算定额中已经明确了设备与材料划分的，应按定额中的规定执行。

【主要变化】

（1）将原 6 中有关“随设备供货的封闭母线、共箱母线属于设备”的表述修改为 7 中“封闭母线、共箱母线属材料”。

（2）将原“7　随换流变压器和平波电容器供货的高压穿墙套管属于设备”改为“8　35kV 及以上高压穿墙套管属于设备”。

（3）增加了“13　建筑工程中给排水、采暖、通风、空调、消防、采暖加热（制冷）站（或锅炉）的风机、空调机（包括风机盘管）和水泵属于设备。”

第四节　架空线路工程费用性质划分

一、架空线路工程的工地运输、土石方工程、基础工程、杆塔工程、架线工程、附件工程、辅助工程均列入安装工程费。

二、架空线路辅助设施工程的相关费用称为辅助设施工程费，参照第一节中有关划分。

【主要变化】

增加了“4.4.2　架空线路辅助设施工程的相关费用称为辅助设施工程费，参照 4.2 及 4.3 划分。”明确了架空线路的辅助工程费用性质划分可参照变电工程。

第五节　电缆线路工程费用性质划分

一、电缆线路工程中，沟道、排管、埋管、隧道、工井、顶（拉）管、挡土墙、护坡工程及其土石方工程、接地安装列入建筑工程费。

二、电缆线路工程中，电缆支架、桥架、托架的制作安装，电缆敷设，避雷及接地，两端设备安装，管道光缆安装，以及调试和试验等列入安装工程费。

三、电缆线路工程中，凡与市政共用的沟、井、隧道和保护管工程均划归市政工程范畴，不列入电缆线路的建筑工程费。

四、若属于市政工程范畴的沟、井、隧道和保护管工程，需在电缆线路工程分摊有关工程费用时，该分摊费用在特殊项目费用下计列。

五、电缆线路工程中，避雷器属于设备。35kV 及以上电缆、电缆头属于设备性材料，在编制建设预算时计入设备购置费。

六、电缆建筑工程参照变电建筑工程取费，电缆安装工程参照电缆线路工程取费。

【主要变化】

（1）首次将电缆输电线路工程分为建筑工程和安装工程。

（2）增加了“4.5.1　电缆线路工程中，沟道、排管、埋管、隧道、工井、顶（拉）管、挡土墙、护坡工程及其土石方工程列入建筑工程费”。

（3）增加了“4.5.2　电缆线路工程中，电缆支架、桥架、托架的制作安装，电缆敷设，避雷及接地，两端设备安装，管道光缆安装，接地安装以及调试和试验等列入安装工程费”。

（4）增加了“4.5.3　电缆线路工程中，凡与市政共用的沟、井、隧道和保护管工程均划归市政工程范畴，不列入电缆线路的建筑工程费。”

（5）增加了“4.5.4　若属于市政工程范畴的沟、井、隧道和保护管工程，需在电缆线路工程分摊有关工程费用时，该分摊费用在特殊项目费用下计列。”明确了分摊费用列计的位置。

（6）电缆线路工程中，避雷器属于设备。35kV及以上电缆、电缆头属于设备性材料，在编制建设预算时计入设备购置费。

【使用说明】

（1）其他费用。其他费用按照建设预算费用构成与计算规定执行。

（2）动态费用的界定。按照建设预算费用构成与计算规定，凡列入动态费用的项目，均应列入动态费用中。

第六章　建设预算项目划分

第一节　一般说明

一、建设预算项目划分是按照工程项目划分对建设预算项目设置、编排次序和编排位置的规定，与设计的专业划分及分卷分册图纸划分相适应。

【条文解析】本条规定了电网工程建设预算项目划分应遵循的原则、目的和相关要求。

二、建设预算项目划分层次，是在各专业系统（工程）下分为三级：第一级为单项工程，第二级为单位工程，第三级为分部工程。

【条文解析】本说明了电网工程建设预算项目划分时的有关划分层次的规定。

三、编制建设预算时，对各级项目的工程名称不得任意简化，均应按照本项目划分中规定的全名填写。

【条文解析】本条规定了电网建设工程预算编制过程中，执行具体项目划分名称时的规范性和严肃性。

四、项目划分之外确有必要增列的工程项目，按照设计专业划分，在单项单位工程或单位工程项目序列之下，在已有项目之后顺序排列。

【条文解析】本条规定了电网建设工程预算编制过程中，当出现本项目划分表中没有的项目时的增列原则。

第二节　各类站及补偿站工程项目划分

一、变电站项目划分

1．建筑工程项目划分的主要变化

（1）考虑到高电压等级工程的实际需要，为了尽可能的固定项目划分的序号，适当增加了继电器室、配电装置室、构架及设备基础等项目设置的数量。

（2）根据工程实际需要，增加了配电装置区域地面封闭、供水系统设备、站外排水、施工降水等项目。

（3）根据工程实际，取消了采暖锅炉房、变压器搬运轨等项目。

（4）消防系统由原辅助生产工程调整到主要生产工程。取消了供水系统建筑项目下的消防水池，增加到消防系统项目之下。

（5）备品备件库增列到辅助生产工程的辅助生产建筑项目下的其他项目之后。

（6）隔声降噪增列到站区性建筑项目下的围墙及大门之后。

（7）站区排水的检查井、泵、坑等列入到站区排水窨井项目之下。

（8）站外蒸发池列入与站址有关单项工程中的站外排水项目之下。

2．安装工程项目划分的主要变化

（1）根据智能变电站及工程实际需要，对控制及直流系统的项目划分子目进行了增加和调整。并细化计算机监控系统，增加智能设备和同步时钟项目。

（2）增加了施工用临时电源和通信的项目划分。

【使用说明】

城市地下或半地下变电站的项目划分参照变电工程相关规定执行，未包括项目可在相关单项工程或单位工程项目下补充。与变电站联合建设的串联补偿站工程，应执行变电站项目划分。

二、开关站项目划分（新增）

（1）开关站建筑工程项目划分见新预规附表 B.1。

（2）开关站安装工程项目划分见新预规附表 B.2。

【使用说明】

城市地下或半地下开关站的项目划分参照开关站工程相关规定执行，未包括项目可在相关单项工程或单位工程项目下补充。

三、换流站项目划分

1．建筑工程项目划分的主要变化

（1）根据工程实际需要，增加了平波电抗器室、主（联络）变压器建筑、配电装置区域地面封闭、阀外冷设备室、阀外冷却设备基础、喷淋水池、站外排水、施工降水等项目。

（2）考虑到工程的实际需要，为了尽可能地固定项目划分的序号，适当增加了继电器室、配电装置室、构架及设备基础等项目设置的数量。

（3）供水系统建筑项目增加了供水系统管道、供水系统设备（取消了原安装工程中供水系统）。

（4）消防系统由原辅助生产工程调整到主要生产工程。取消了供水系统项目下的消防水池，增加到消防系统项目之下。

（5）增加了水处理系统建筑。

2．安装工程项目划分的主要变化

（1）根据工程实际需要，增加了主（联络）变压器、无功补偿等项目。

（2）调整了直流配电装置项目划分子目。

（3）根据智能变电站及工程实际需要，对控制及直流系统的项目划分子目进行了增加和调整。

（4）取消了供水系统和水处理系统，列入建筑工程。

（5）取消站用电系统中的站用 UPS 项目，统一归入控制及直流系统中的直流系统及 UPS 项目。

（6）根据工程实际需要，在接地项目下单独划分阀厅接地。

（7）增加了施工用临时电源和通信的项目划分。

四、串联补偿站项目划分

1．建筑工程项目划分的主要变化

（1）增加保护小室项目划分。

（2）建筑及构筑物明确主要内容及范围说明。

（3）增加晶闸管阀冷却系统建筑项目划分。

（4）增加供水系统项目划分。

（5）与站址有关的单项工程增加站外排水项目划分。

（6）消防系统由辅助生产工程列入主要生产工程。

2．安装工程项目划分的主要变化

（1）增加火灾报警系统项目划分。

（2）取消 2.1.1 室内控制保护设备，2.1.2 就地控制设备。

（3）合并为 3.1 串联补偿控制保护系统。

（4）增加与站址有关的单项工程：1．站外电源和 2．站外通信。

（5）明确各项工程主要内容及范围说明。

（6）增加了施工用临时电源和通信的项目划分。

五、静止无功补偿工程项目划分（新增）

（1）静止无功补偿建筑工程项目划分见新预规附表 E.1。

（2）静止无功补偿安装工程项目划分见新预规附表 E.2。

【使用说明】

静止无功补偿与变电站联合建设的，应执行变电站项目划分，并按照本项目划分补充相关内容。

第三节　输电线路工程项目划分

一、架空输电线路工程项目划分

1. 架空输电线路工程项目划分的主要变化

（1）一般线路本体工程分为基础工程、杆塔工程、接地工程、架线工程、附件安装工程、辅助工程等六个项目划分。

（2）新增加了辅助工程项目划分，将原基础工程中的护坡、挡土墙、排洪沟等内容划归辅助工程。

（3）新增接地工程项目划分，将其从基础工程中剥离出来，使其工作内容更为独立、清晰，有利于清单计价及施工费用的划分。

（4）取消土石方工程项目划分，将原土石方工程归并到对应的项目中，便于线路工程各种基础施工的费用划分和接地安装工程的施工费用的划分。

（5）取消了“送电线路辅助设施工程项目划分”（可参照变电工程的辅助生产工程的项目划分）。

二、陆上电缆输电线路工程项目划分的主要变化

1. 陆上电缆输电线路工程项目划分的主要变化

将原“电缆线路工程项目划分”调整为“陆上电缆输电线路工程项目划分，并将其进一步细分为“陆上电缆输电线路建筑工程项目划分见附表 G.1；陆上电缆输电线路安装工程项目划分见附表 G.2”两个部分。

三、水下电缆输电线路工程项目划分（新增）

(1)水下电缆输电线路建筑工程项目划分见新预规附

表 H.1。

（2）水下电缆输电线路安装工程项目划分见新预规附表 H.2。

第四节 系统通信工程项目划分

一、通信站工程项目划分

1. 建筑工程项目划分的主要变化

（1）与站址有关的单项工程划分改为地基处理、站外道路、站外水源三项，站外电源和站外通信归入通信安装工程与站址有关的单项工程中。

（2）将通信线路分为通信线路安装及通信线路建筑，便于通信直埋及管道施工等土建需求。

2. 安装工程项目划分的主要变化

（1）接入网系统（无源光网络、无线接入、中低压载波）等项目划分。

（2）按设备类型对项目进行划分。

（3）增加会议电视、同步网、接入网相关内容。

（4）增加监控及安全防护方面相关内容。

（5）改站内电源为通信电源系统，使项目划分更贴近实际。

二、通信线路工程项目划分

1. 通信线路工程项目划分的主要变化

（1）将通信线路工程也分为建筑工程和安装工程两个部分。

（2）通信线路安装工程部分也参照架空输电线路工程，将工地运输拆分到各个单位工程中。

第五节　其他费用项目划分

1．其他费用项目划分的主要变化

（1）将原“5.5.3 送电线路工程其他费用项目划分”修改为“输电线路工程其他费用项目划分”。

（2）根据预规中“其他费用”的项目设置，形成了新的电网［变电站（换流站、开关站、串补站、静止无功补偿站）和输电线路（电缆工程）］工程其他费用的项目划分。

第七章　建设预算编制办法

第一节　一 般 规 定

一、本办法规定了电力工程建设预算的编制规则、内容组成、编排次序和编制办法，适用于电网工程建设预算的编制。

二、建设预算是项目管理的重要内容，也是各阶段工程设计和实施文件的重要组成部分。在项目建议书、初步可行性研究、可行性研究、初步设计、施工图设计和工程实施阶段，应根据设计图纸和工程资料分别编制投资估算、初步设计概算和施工图预算。

三、建设预算必须履行编制、校核、审核和批准程序，各级编制、校核、审核人员必须在正式的建设预算书上签字，并加盖电力工程造价人员专用章。

四、如果一个建设项目的建设预算由两个或两个以上单位编制时，主体编制单位应负责协调编制范围、价格水平，并负责编制汇总建设预算书，各编制单位应及时协调，避免漏项和重复编制。

第二节　编 制 规 则

一、在建设预算正式编制之前，必须制定统一的编制原则和编制依据。主要内容包括：编制范围、工程量计算依据、定额（指标）和预规选定、装置性材料价格选用、设备价格获取方式、编制基准期确定、编制基准期价差调整依据、编制基准期价格水平等。

二、建筑工程费、安装工程费的人工、材料及机械价格以电力行业定额管理机构颁布的定额（指标）及相关规定为基础，并结合相应的电力行业定额管理机构颁布价格调整规定计算人工、材料及机械价差。

三、建设预算的取费计算规定应该与所采用的定额（指标）相匹配。

首选电力行业定额（指标）和取费标准，涉及其他行业部分选用相应行业定额（指标）和取费标准，不足部分选用工程所在地的地方定额（指标）和取费标准，以及配套的价格水平调整办法和编制规则。如果选用了电力行业之外的定额（指标）和取费标准，应在编制说明中注明。

四、定额（指标）的调整及补充：

1　定额（指标）中所规定的技术条件与工程实际情况有较大差异时，可根据工程的技术条件及定额规定调整套用相应定额（指标）。

2　定额（指标）中缺项的，应优先参考使用相似建设工艺的定额（指标）。在无相似或可参考子目时，可根据类似工程施工图预算或结算资料编制补充定额（指标）。对无资料可供参考的项目，可按工程的具体技术条件编制补充定额（指标）。

3　补充定额（指标）应符合现行定额编制管理规定，并报行业电力工程定额（造价）管理部门批准后方可使用。

五、编制建设预算时，工程量的计算应根据定额（指标）所规定的工程量计算规则，按照设计图纸标示数据计算。如果图纸的设备材料汇总统计表中的数据与图示数据不一致时，应以图示数据为准。

六、编制建设预算时，计算建筑、安装工程量时应包括弯曲和预留量，不包括损耗量。

七、建设预算应按建筑工程费、安装工程费、设备购置费和其他费用分别进行编制。

1　建筑工程费、安装工程费中，如果由于定额价格水平计算原因，需要单独计算编制基准期价差时，费用的汇总计算顺序是：

直接费、间接费、利润、编制基准期价差、税金。

2　建筑工程费、安装工程费及相应的设备购置费编入表三，分别汇入表二。

3　取费可以采用单位工程逐项取费、单位工程综合系数取费方式在表三中计列，也可以采取按系统汇总后在表二中逐项取费的方式。

4　其他费用编入表四。

八、线路工程项目将表二、表四和辅助设施表三汇入表一；其他工程项目将表二、表四汇入表一。加上基本预备费和特殊项目费用，计取动态费用，结算出工程动态投资。

九、直流输电工程的换流站按变电工程编制办法及取费规定编制建设预算；直流输电工程的接地极线路按输电工程编制办法及取费规定编制建设预算，接地极极址工程按变电工程编制办法及取费规定编制建设预算。

第三节　建设预算的内容组成

一、建设预算由编制说明、总预（概、估）算表（表一）、专业汇总预（概、估）算表（表二）、工程预（概、估）算表（表三）、其他费用预（概、估）算表（表四）、主要技术经济指标（表五）、建设场地征用及清理费用预（概、估）算表（表七）以及相应的附表、附件等组成。

二、建设预算的编制说明要有针对性，文字描述要具体、确切、简练、规范。其内容一般应包括：

1　工程概况

（1）各类站应包括：设计依据，本期建设规模、变压器台数及单台容量，规划容量；静态投资、静态单位投资，动态投资、动态单位投资；资金来源；计划投产日期；外委设计项目名称及分工界限；站址特点及交通运输状况；自然地理条件（如地震烈度、地耐力、地形、地质、地下水位等）和对投资有较大影响的情况。

（2）各类线路应包括：线路经过地区的地形、地貌、地质、地下水位、风力、地震烈度；线路亘长；导、地线型号，杆塔类型；静态投资、静态单位投资，动态投资、动态单位投资；资金来源；计划投产日期；外委设计项目名称及分工界限等。

2　改、扩建工程的建设范围、过渡措施方案及其费用，可利用或需拆除的设备、材料、建（构）筑物等工程情况。

3　编制原则及依据：编制范围、工程量计算依据、定额（指标）和预规选定、装置性材料价格选用、设备价格获取方式、编制基准期确定、编制基准期价差调整依据、编制基准期价格水平等。

4　工程造价水平分析：投资估算及初步设计概算均应与上年度相关工程造价水平进行对比分析。

5　工程造价控制情况分析：施工图预算总投资应控制在批准的初步设计概算总投资范围内；初步设计概算总投资应控制在可行性研究估算总投资范围内；如因特殊原因超出总投资时，应作具体分析，并重点叙述超出原因及合理性，报原审批单位批准。

6　其他有关重大问题的说明。

三、建设预算所使用表格的内容及格式见附录。

四、各类建设预算成品内容见表 6.3.1、表 6.3.2、表 6.3.3。

表 6.3.1 各类站建设预算成品内容

序号	内容组成名称	可行性研究估算	初步设计概算	施工图预算
1	编制说明	√	√	√
2	工程概况及主要技术经济指标表（表五乙）	√	√	√
3	总预（概、估）算表（表一甲）	√	√	√
4	专业汇总预（概、估）算表（表二甲、乙）	√	√	√
5	安装、建筑工程预（概、估）算表（表三甲、乙）	*	√	√
6	其他费用预（概、估）算表（表四）	√	√	√
7	建设场地征用及清理费用预（概、估）算表（表七）	√	√	√
8	附件及附表	*	√	√
注：*标示内容作为编制单位的原始资料，可不作为成品出印刷。				

表 6.3.2 架空线路建设预算成品内容

序号	内容组成名称	可行性研究估算	初步设计概算	施工图预算
1	编制说明	√	√	√
2	工程概况及主要技术经济指标表（表五丙）	√	√	√
3	总预（概、估）算表（表一丙）	√	√	√
4	汇总预（概、估）表（表二丙）	√	√	√
5	架空线路工程预（概、估）算表（表三丙）	*	√	√
6	辅助设施工程预（概、估）算表（表三戊）	√	√	√
7	其他费用预（概、估）算表（表四）	√	√	√
8	建设场地征用及清理费用预（概、估）算表（表七）	√	√	√

表 6.3.2（续）

序号	内容组成名称	可行性研究估算	初步设计概算	施工图预算
9	综合地形增加系数计算表（附表一）	√	√	√
10	架空线路工程装置性材料统计表（附表二）	*	√	√
11	架空线路工程土石方量计算表（附表三）	*	√	√
12	架空线路工程工地运输重量计算表（附表四）	*	√	√
13	架空线路工程工地运输工程量计算表（附表五）	*	√	√
14	架空线路工程杆塔分类一览表（附表六）	*	√	√
注：*标示内容作为编制单位的原始资料，可不作为成品印刷。				

表 6.3.3 电缆线路建设预算成品内容

序号	内容组成名称	可行性研究估算	初步设计概算	施工图预算
1	编制说明	√	√	√
2	工程概况及主要技术经济指标表（表五丁）	√	√	√
3	总预（概、估）算表（表一丁）	√	√	√
4	专业汇总预（概、估）算表（表二丁建筑、安装）	√	√	√
5	安装、建筑工程工程预（概、估）算表（表三甲、乙）	*	√	√
6	辅助设施工程预（概、估）算表（表三戊）	√	√	√
7	其他费用预（概、估）算表（表四）	√	√	√
8	建设场地征用及清理费用预（概、估）算表（表七）	√	√	√
9	附件及附表	*	√	√
注：*标示内容作为编制单位的原始资料，可不作为成品印刷。				

五、建设预算的附件及附表应完整，包括价差预备费计算表、建设期贷款利息计算表（可行性研究估算可不附）、编制基准期价差计算表等，应有必要的附件或支持性文件，外委设计项目的建设预算表（如公路、码头等），特殊项目费用的依据性文件及建设预算表等。

第四节　投资估算

一、经核准的投资估算是可行性研究设计阶段确定工程总投资的限额。投资估算是电网工程总投资的限额，没有特殊原因不得突破。

二、投资估算的编制应该与方案比选、项目经济评价同期进行，项目经济评价的编制应执行电网工程经济评价相关规定。

三、投资估算应满足以下要求：

1　投资估算必须符合电网工程可行性研究报告内容深度规定，费用计算准确、合理，能够满足方案比选及控制初步设计概算的要求。

2　应根据推荐站址和工程设想的主要工艺系统、主要技术方案及确定的编制原则编制变电站、换流站、通信站、串联补偿站工程的投资估算。应根据初步选定的路径及主要技术条件，按确定的编制原则编制输电线路（含 OPGW 光缆）工程的投资估算。

3　推荐站址（线路路径）的投资估算应作为正式成品印刷。必要时，正式成品中还应包含不同站址（线路路径）方案的投资对比表。

四、经济评价应符合下列规定：

1　经济评价的方法必须符合国家对基本建设项目进行经济评价的方法的有关规定和当时的财税制度。

2　计算使用的各种成本数据应准确可靠。

3　计算采用的折旧年限、计算期、还款期、所得税率、增值税率、融资利率等必须符合有关规定或协议。

4　电网项目经济评价测算的输配电价格应按照“合理补偿成本，合理确定收益，依法计入税金”的原则确定。

5　经济评价应明确表达以下内容：原始数据表；所有基本财务报表（包括现金流量表、利润与利润分配表、财务计划现金流量表、资产负债表等）；所有辅助财务报表（包括流动资金估算表、投资使用计划与资金筹措表、借款还本付息计算表、固定资产折旧、无形资产及其他资产摊销估算表、总成本费用估算表等）；财务评价指标一览表；敏感性分析表。

6　经济评价的说明应包含以下内容：采用国家和本行业的各项财务指标来衡量结果是否合理及项目是否可行；分析测算电价的水平及市场对电价的承受能力；通过敏感性分析找出影响效益的最敏感因素，最终得出工程项目的综合经济评价结论。

7　经济评价成品表格应包括以下内容：项目投资现金流量表、项目资本金现金流量表、投资各方现金流量表、利润与利润分配表、财务计划现金流量表、投资使用计划与资金筹措表、财务评价指标一览表、敏感性分析表。

五、项目可行性研究工作的重点是站址外部条件、线路路径及方案比选（如交通运输、水源、送出线路等），不同站址、线路路径的土石方处理方案、地基处理方案、运输方案比较（挖、填土石方，强夯，打桩，振冲等）。在进行方案比选时，由专业设计人员确定工程量，技术经济人员编制估算。专业设计人员应对工程量负责，技术经济人员有义务参照同等或类似规模项目施工图工程量进行核查，并提出反馈意见。

可行性研究阶段对不能直接计算而又对投资影响较大的建筑安装工程量（如电缆、桥架等），应参照类似工程施工图工程量资料，并经分析后由专业设计人员确定。

六、项目法人应提供（或协助主体设计院获得）的资料如下：

1 资本金比例，融资方式、融资币种、融资利率、融资费用，还款方式、还款年限以及宽限期等。

2 建设场地征用及清理费的费用规定及依据文件。

3 外委设计项目投资估、概算文件资料（如公路、码头、航道等）。

4 投资估算编制中需要提供的其他有关资料。

5 经济评价中的数据资料：项目所在电网过去三年的销售电量，平均售电价的统计值，未来五年的售电量、平均售电价的预测值。

七、设备价格依次按市场信息价格、编制期限额设计参考造价指标中的价格、编制期同类设备的合同价格编制。

八、安装工程装置性材料价格按照电力行业定额管理机构颁发的规定计算，并按照编制期限额设计参考造价指标中的价格计算材料价差。

九、建筑工程材料价格按照定额规定的原则计算，并按照电力行业定额管理机构颁发调整规定及项目所在地定额（造价）管理部门发布的价格信息计算材料价差。

第五节 初步设计概算

一、初步设计概算总投资应控制在已核准的可行性研究估算投资范围内。根据工程准备和建设程序的需要，“四通一平”工程或单项工程提前开工项目概算可先行编审。

二、编制及送审初步设计概算时，项目法人应提供的资料如下：

1　主要设备、材料的招标价及供货范围。

2　建设场地征用及清理费的费用规定及依据文件或协议。

3　外委设计项目的正式概算，如公路、码头、航道等。

4　项目前期工作各项费用。

5　初步设计概算编制中需要提供的其他有关资料。

三、初步设计概算应满足下列要求：

1　概算投资必须准确、合理，取费符合规定，计算正确。

2　根据选定站址和设计推荐的工艺系统和技术方案编制变电站、换流站、串联补偿站、通信站工程概算。

3　根据选定的路径编制输电线路（含 OPGW 光缆）工程概算。

四、概算工程量应与初步设计图纸、说明书及设备、材料清单保持一致。对投资影响较大的单项指标，如电缆、桥架、沟道、土石方、地基处理、杆塔耗量、基础混凝土、运输等，技术经济人员应根据掌握的资料，对设计人员提供的工程量进行核算，并提出反馈意见。

五、引进单项设备，应根据合同分别计算国外段运杂费、保险费、关税及进口相关费用后，按照国内设备价格计算国内段运杂费等费用。

六、设备价格依次按合同价格、市场信息价格、编制期限额设计参考造价指标中的价格、编制期同类设备的合同价格编制。

七、安装工程装置性材料价格按照电力行业定额管理机构颁发的规定计算，并按照编制期限额设计参考造价指标中的价格计算材料价差。

八、建筑工程材料价格按照定额规定的原则计算，并按照电力行业定额管理机构颁发调整规定及项目所在地定额（造价）管理部门发布的价格信息计算材料价差。

第六节　施工图预算

一、施工图预算是工程实施过程中的重要文件，由设计单位负责编制时，也可作为施工图设计文件的组成部分。施工图预算是项目法人控制投资、拨付阶段性工程款和单项工程结算的重要依据。施工图预算应控制在已批准的初步设计概算投资范围内。

二、项目法人应做好如下配合工作：

1　组织有关各方商定施工图预算编制原则。

2　提供设备和装置性材料的订货、到货价格资料。

3　提供委托外部设计、施工项目、自营项目的施工图预算。

4　提供建设项目发生的其他费用的相关资料，如合同金额及协议文件等。

5　提供需要的设计图纸或工程量资料，扩大供货范围相应的图纸及工程量资料。

三、施工图预算的编制范围以合同约定范围为准，一般应包括：建筑工程费、安装工程费、设备购置费和其他费用。工程预算应按最终版施工图编制，经批准的重大设计变更及重新出图的一般设计变更也应编入工程预算中。

四、工程量计算规则应以定额规定的工程量计算规则为准，以施工图纸为依据计算。计算装置性材料用量时应考虑损耗量。

五、引进单项设备，应根据合同分别计算国外段运杂费、保险费、关税及进口相关费用后，按照国内设备价格计算国内段运杂费等费用。

六、设备价格依次按合同价格、市场信息价格、编制期限额设计参考造价指标中的价格、编制期同类设备的合同价格编制。

七、安装工程装置性材料价格按照电力行业定额管理机构颁发的规定计算，并按照合同价格、市场信息价格、编制期同类材料的合同价格计算材料价差。

八、建筑工程材料价格按照定额规定的原则计算，并按照电力行业定额管理机构颁发调整规定及项目所在地定额（造价）管理部门发布的价格信息计算材料价差。

【使用说明】

在本章中重点明确了以下内容：

（1）工程建设预算必须履行编制、校核、审核和批准程序方可成为有效文件。各级编制、校核、审核人员必须在正式的建设预算书上签字并加盖电力工程造价人员专用章。

（2）如果一个建设项目的建设预算由两个或两个以上单位编制时，主体编制单位应负责协调编制范围、编制基准期价格水平，并负责编制总建设预算书，各编制单位应及时协调，避免漏项和重复编制。

（3）明确规定了各类站、输电线路及通信工程各系统、单项工程和其他费用项目的编排和汇总统计次序，统一了计算规则。

（4）确定了统一的建设预算编制说明（包括编制原则）的编写方式和内容构成，并做出了详细的规定。

（5）明确了电网工程建设预算中建筑工程费、安装工程费的人工、材料及机械价格以电力行业定额（造价）主管部门颁布的定额及相关规定为基础，并结合项目所在省（自治区、直辖市）的价格调整规定计算。

（6）明确了关于定额（指标）的调整及补充的规定：

1）定额（指标）中所规定的技术条件与工程实际情况

有较大差异时，可根据工程的技术条件及定额规定调整套用相应定额（指标）。

2）定额（指标）中缺项的，应优先参考使用相似建设工艺的定额（指标）；在无相似或可参考子目时，可根据类似工程施工图预算或结算资料编制补充定额（指标）；对无资料可供参考的项目，可按工程的具体技术条件编制补充定额（指标）。

3）补充定额（指标）应符合现行定额编制管理规定，并报电力工程定额管理机构批准后方可使用。

（7）规定了在编制建设预算时，取费计算标准体系的使用应该与所采用的定额或指标相匹配，如果对取费中有关费用系数进行调整的，编制单位应在编制说明中详细说明原因，并提供调整的充分依据。

（8）建设预算中取费的计算可以采用单位工程逐项取费、单位工程综合系数取费或单位工程表二逐项取费中的任何一种。

（9）明确了变电站建筑工程中的上下水、采暖、通风、空调、照明、消防、采暖加热站（或锅炉）等安装项目按所采用定额规定的方法计算，对其中的风机、空调机（包括风机盘管）和水泵等设备，参照设备购置费的计算办法计列设备运杂费，并在建筑工程汇总表（表二甲）中将设备购置费单独列出，在总表中统一列入建筑工程费。

（10）明确了在编制可行性研究投资估算时，由于设计深度原因无法详细计算的费用，可参照同期类似工程估列，在校核时，对于估列费用应重点审核。

（11）在可行性研究阶段，由于施工组织设计深度的限制，无法提供施工组织设计方案。对于新建工程，临时工程费用可按照主辅生产工程及与厂址有关的单项工程（不含临时工程）的（建筑工程费＋安装工程费）的 0.98%计算，对于扩建工程，临时工程费用可按照主辅生产工程及与厂址有关的单项工程（不含临时工程）的（建筑工程费+安装工程费）的0.54%计算。

（12）建设预算编制基准期价格水平，也称为“建设预算价格水平”或“基期价格水平”，是指建设预算编制基准期工程所在地的市场价格水平。建设预算编制基准期价格水平至少取定为由电力工程定额管理部门确认的建设预算编制基准期工程项目所在地的当月平均价格水平。

（13）编制基准期价差是指建设预算编制基准期价格水平与电力行业定额（造价）管理部门规定的取费价格之间的差额，属于静态投资，注意不能与价差预备费混淆。

第八章　进口设备工程费用计算办法

第一节　一 般 规 定

一、进口设备工程建设预算的编制及费用计算除执行以上各章节规定之外，以本章规定作为补充。

二、进口设备工程的建设投资统一用人民币表现，对使用外汇支付的资金（含融资资金），按照建设预算编制基准期的外汇汇率和折算方法折算成人民币金额，在建设预算的编制说明中，应注明所采用的汇率规定。

三、凡采用国际招标方式采购的各类产品，国内中标产品的增值税和国外中标产品的关税及增值税均以人民币表现。

四、进口设备工程建设项目中，进口部分所涉及的工程，无论由国内设计、国内外联合或分工设计、全部由国外设计，均由该项目国内配合主体设计单位或工程造价咨询机构编制整个项目的建设预算。

第二节　进口设备工程建设预算费用构成

一、进口设备工程建设预算的费用构成，应与本预规的建设预算费用构成及计算规定一致，因设备进口需增加或修改的费用项目如下。

（一）进口设备材料价格构成

1　设备、材料供货价格。

设备的供货价格中应包括备品备件。

2　国外段运费及保险费：

（1）国外段运费。

（2）国外段保险费。

3　进口环节税费：

（1）关税。

（2）进口环节增值税（简称增值税）。

（3）进口商品检验费。

（4）进口代理手续费。

（5）银行财务费。

4　国内段运杂费。

（二）其他费用

其他费用中应在“项目建设技术服务费”项下增加“进口设备工程项目服务费”项目，该增加项目由以下内容组成：

1　国外图纸资料翻译复制费。

2　技术服务费。

3　出国人员费。

4　设计联络会（国内部分）费用。

5　进口设备招标费。

6　融资费用。

（三）基本预备费

在基本预备费项下增加进口设备所使用外资部分的基本预备费。

二、与第3章建设预算费用构成及计算规定的费用项目构成相对应，因进口设备施工、调试、验收以及工程管理等所发生的各项费用项目，应分别在相应费用项目下计列。

第三节　进口设备工程费用计算方法与规定

一、根据进口设备工程的特点，其费用计算方法与规定的内容包括：进口设备材料价格计算方法；利用外资或国家批准的外汇额度，国内厂商中标及外商中标返包国内制造部分设备材料预算价格计算方法；进口设备材料安装费计算方法；进口设备工程其他费用（即进口设备工程项目服务费）计算方法与规定；外资部分基本预备费计算方法。

二、进口设备材料价格计算方法

进口设备材料的价格计算方法与费用规定，应根据国家相关主管部门及电力行业的有关规定执行。编制建设预算前，编制单位应向有关部门收集现行规定作为计算依据。

（一）进口设备材料的供货价

1　我国常用进口设备材料供货价的种类：

（1）装运港船上交货价，英文缩写 FOB（Free On Board）。

（2）成本加运费在内价，英文缩写 CFR（Cost and Freight）。

（3）到岸价或成本加保险费、运费在内价，英文缩写 CIF（Cost Insurance and Freight）。

以下计算均以上述三种供货价的规定条款为准。

2　供货价的计算：

计算公式：

供货价＝外币金额（签订的合同价）×外汇牌价

在可行性研究阶段，如果没有具体的意向或协议，可按市场询价或国家批准用于进口设备材料的外资（或外汇）额度视同 CIF 价计算供货价。

初步设计阶段按所签订的合同价计算。

（二）国外段运费及保险费

1　国际运费

供货价（合同价）若为 FOB 等不含国际运费价时，按照以下方法计算：

国际运费＝设备材料毛重（t）×运输单价（元/t）

其中：运输单价根据采用的运输方式，按照进出口公司或对外运输部门现行的价格确定。

如编制预算时没有重量资料，则可按下列公式计算：

国际运费＝进口设备材料供货价×运费率

其中，运费费率可参照近期同类工程测算。

2　国际运输保险费

国际运输保险费指进口商品在国外运输期间向有关保险公司投保所需的费用。

计算公式：

国际运输保险费＝保险额×保险费率

一般以CIF价为保险额，如果供货价（合同价）为FOB、CFR等不含国际运输保险费时，可采用以下方法计算保险费：

（1）供货价为FOB价时：

国际运输保险费＝（供货价＋国际运费＋保险费）×保险费率

（2）供货价为CFR价时：

国际运输保险费＝（供货价＋保险费）×保险费率

根据投保的险种、商品种类和地区的远近不同，保险费率也不同，应根据进口设备工程的具体情况，向保险公司收集现行保险费率。

（三）进口环节税费

1　进口关税

进口关税指根据国家税务总局和海关总署颁发的有关规定对进口货物征收的关税。

计算公式：

关税税额＝完税价格×关税税率

其中，完税价格为海关审定的进口货物CIF价格。

在编制进口设备材料预算时，可简化以CIF价为完税价格计算关税，计算公式如下：

关税税额＝CIF价×关税税率

2　增值税

计算公式：

增值税税额＝（CIF 价＋关税税额）×增值税税率

其中 CIF 价也应为完税价格，简化为以 CIF 价计算；增值税税率按现行税率计算。

3　进口商品检验费

进口商品检验费按国家现行规定执行。

4　进口代理手续费

进口代理手续费指外贸企业采取代理方式进口商品时，向国内委托进口企业（单位）所收取的一种费用，它补偿外贸企业经营进口代理业务中有关费用的支出，并含有一定的利润。其计算办法及费用规定应执行国家的现行规定。

计算方法及费用规定如下：

进口代理手续费＝CIF 价（外币）×对外付汇当日外汇牌价×手续费费率

注：预算编制时，若不知对外付汇当日外汇牌价，则以预算编制时的外汇牌价计算。

根据国家物价局《关于印发进口代理手续费收取办法的通知》（价综字〔1992〕463 号）规定，进口代理手续费费率按照对外供货合同金额不同，分挡计收：

（1）金额在 100 万美元以下（含 100 万美元）费率不超过 2%，最低收费额为 1000 元人民币。

（2）金额在 100 万美元以上，1000 万美元以下（含 1000 万美元）费率不超过 1.5%。

（3）金额在 1000 万美元以上，5000 万美元以下（含 5000 万美元）费率不超过 1.0%。

（4）金额在 5000 万美元以上，费率在 0.5%～1.0%之间。

5　银行财务费

银行财务费指项目法人或进口代理公司与卖方在合同

内规定的开证银行财务费。

计算公式：

银行财务费＝进口设备材料供货价×外汇牌价
×银行财务费费率

其中银行财务费费率应根据各银行现行的收费规定计算。

（四）国内段运杂费

国内段运杂费指由我国港口（或交接车站、机场）运到建设工地指定地点的运杂费。包括进口设备材料的港口费用和压力容器安全性能检验费。

计算方法如下：

国内运杂费＝CIF价×编制时汇率
×（铁路、水路运杂费率＋公路运杂费率）

其中：铁路、水路运杂费率：运距100km及以内费率为0.9%；超过100km，每增加100km费率增加0.1个百分点；不足100km按100km计取。

公路运杂费率：运距在50km及以内，费率为0.64%；运距超过50km时，每增加50km费率增加0.25个百分点；不足50km按50km计取。

当返包比例超过50%时，国内运杂费可以根据各工程的实际情况进行测算。

三、利用外资或国家批准的外汇额度国内厂商中标以及外商中标返包国内制造的部分设备价格和材料预算价格，按照以下方法计算。

（一）在可行性研究阶段，按照以下方法计算：

根据所确定的意向性返包比例，根据国内市场水平确定供货价格，再增加计算相关费用（增值税、进口代理手续费、银行财务费）及国内段运杂费等。不需要进口代理的不计进口代理手续费。

（二）在初步设计阶段，按以下方法计算：

1　利用外资并采取国际招标时，按合同价以外资方式计列，并计取进口代理手续费（如需代理）、银行财务费、国内运杂费。

2　采用国家批准的外汇额度，国内厂商中标的设备材料费用，一律采用人民币计算，运杂费按国内规定计算。

四、进口设备材料安装费的计算方法

1　编制投资估算时，工程量以国外概念设计资料或近期在建（或建成）的同类工程的工程量为依据，采用现行的定额或指标进行编制。

2　在编制初步设计概算和施工图预算时，进口安装主材及建筑用钢材按照工程所在地的材料预算价格计算，作为计取费用的基数。

3　国外进口主材，其加工配制费用按照合同约定计列。

五、进口设备工程其他费用（即进口设备工程项目服务费）的计算方法

1　国外图纸资料翻译复制费

国外图纸资料翻译复制费用，按表 7.3.1 指标计列，由项目法人控制使用。

表 7.3.1　图纸、资料翻译复制费用指标

序号	设计方式	变电工程（元/kVA）	
		新建	扩建
一	国外设计、国内配合	0.6	0.3
二	国外设备、国内设计	0.4	0.2

注：1. 容量以主变压器的容量（kVA）为计算基础。
2. 扩建工程的主设备与上期相同且布置基本相同时，按上述费率的60%计列。
3. 单项设备可按实际情况计列。

2　技术服务费

技术服务费包括国外设计费、培训费、外技人员现场服

务费及技术专利费等。

可行性研究阶段，若无协议或意向性文件，可视同用于引进的外资或外汇额度中已含，不再单列。

在初步设计计段，可按合同规定计算费用。如果合同价中已含此部分费用，则该费用在表六中单列。

3　出国人员费

出国人员费指我方为本工程派出的设计联络、设备检验、技术培训等人员出国所花费的旅费、服装费、国外生活费、交通费和国内段的差旅费等。出国人员费可按合同中规定的出国次数、人数、期限和我国有关外事部门规定的现行费用规定计算，合同有特殊规定的按合同约定计算。

4　设计联络会（国内部分）费用

设计联络会（国内部分）费用指国内各方参加联络会的费用。在签订各自的服务合同中应包括该项费用。建设单位人员参加会议及会议场所租用的费用在建设单位管理费中开支。

注：国外部分费用含在进口设备费用合同中。

5　进口设备招标费

进口设备招标费指进口设备招标工作所发生的全部费用，费率按国内招标费费率乘以1.1系数。

6　融资费用

融资费用按照融资合同有关约定条文计算。

六、外资部分基本预备费

计算公式：

外资部分基本预备费＝外资部分投资额×费率

估算阶段费率2%，概算阶段费率0.5%。

第四节　进口设备工程建设预算的编制

一、进口设备工程建设预算的编制范围应包括建设工程项目的全部投资，主要包括：

1　进口设备材料费（包括返包国内部分）：

（1）进口设备材料供货价。

（2）国外段运输及保险费。

（3）进口环节税费。

（4）国内段运杂费。

2　进口设备材料的安装费。

3　国内配套的生产工程、附属工程、生活福利工程费用。

4　其他费用，除电网工程建设预算费用构成及计算规定中规定的其他费用项目外，还应增加“进口设备工程项目服务费”。

5　预备费：包括基本预备费和价差预备费，分内资部分和外资部分分别计列。

6　建设期贷款利息及承诺费、转贷费等。

二、进口设备工程建设预算的内容，应与电网工程建设预算费用性质划分、电网工程建设预算项目划分、电网工程建设预算编制办法规定的项目一致，并增加以下内容：

1　编制说明中应增加进口设备材料的范围、特点、价格依据及其计算方法。

2　进口设备工程费用计算表（表六）。

3　由于进口设备材料而增加的其他费用计算明细表，在表四中计列。

三、编制进口设备工程建设预算时，在编制说明中应补充以下内容：

1　经国家正式批准的进口项目订货合同和相应的设计文件。

2　国家有关综合部门发布的有关引进技术和进口设备材料各环节发生费用的计算方法及商务结算方式等有关规定。

3　国家对进口设备项目投资计算方面的有关补充规定。

四、进口设备工程建设预算的表现形式与电网建设预算编制办法中规定的格式一致，对不同部分补充规定如下：

1　进口设备施工图预算费用由国外进口部分和国内部分组成。国外进口部分采用“进口设备工程费用计算表（表六）”分类进行编制（如进口部分、返包国内部分、技术服务费等）；国内部分按照建设预算编制办法中规定的格式进行编制，并将费用汇总填写“部分汇总估、概算表（表二）”。最后将“进口设备工程费用计算表（表六）”、“部分汇总估、概算表（表二）”以及“其他费用表（表四）”中的数据，统一汇总到表一甲（外）。

2　表一甲（外）中的进口设备工程投资总额应折合成人民币，并需计算出进口设备材料外币折合投资占总投资额的比例和各部分的单位造价指标。

3　利用国家批准的外汇额度，国内生产设备材料的工程建设预算，首先应按编制时的汇率统一折算为人民币后，采用表一甲编制总预算表，表中不再列示外币金额，统一用人民币计算。但在编写说明中要写明利用的外汇额度。

五、进口设备材料施工图预算用的表格，除表一甲（外）之外，统一执行电网工程建设预算编制办法中规定的建设预算表格格式，另外增加“进口设备工程费用计算表（表六）”。

六、进口设备工程其他费用的计算使用“其他费用表（表四）”。

【使用说明】

进口主要设备、进口大宗材料有关费用的计算按照以下规定计算。进口之后的国内段运杂费按照本标准中运杂费的相关规定计算。

进口设备价格由合同价款、关税、进口环节增值税、进口商品检验费、进口代理手续费、银行手续费和国内段运杂费组成。若是 FOB 价还要加上国外段运输及保险费；CFR

价（即成本加运费价）要加上国外段运输保险费。

1. 关税

按《中华人民共和国进出口关税条例》执行，自 1996 年以来关税税率逐步下调。按国家有关文件规定：利用外国政府和国际金融组织贷款进口的物品免征关税。

关税 = 到岸货价 × 关税税率

到岸货价 = 进口合同价款 − 联络会费 − 培训费 − 现场服务费等

2. 进口商品检验费

现行标准规定对进口成套设备，按实际验货值的 2.4‰ 收。与收货单位共同检验的收上述费率的 1/2；由收货单位验货，商检机关出具证明的收上述费率的 1/4。编制估、概算时目前按下式计算即可：

商检费 = 到岸货价 × 0.24%

3. 进口环节增值税

按《中华人民共和国增值税条例》规定设备的现行税率为 17%。

增值税 =（到岸货价 + 关税）× 17%

4. 进口代理手续费

进口代理公司收取的费用。按国家物价局《进口代理手续费收取办法》执行：

金额在 100 万美元（含 100 万）以下，费率不超过 2%，最低收取 1000 元人民币；

金额 100 万 ~ 1000 万美元（含 1000 万），费率不超过 1.5%；

金额 1000 万 ~ 5000 万美元（含 5000 万），费率不超过 1%；

金额在 5000 万美元以上，费率为 0.5%～1.0%。

进口代理手续费 = 进口合同价款 × 费率

编制估概算时按上述费率计算，实际操作时费率可协商，即上述费率为最高费率。

5. 银行手续费

由银行承办进口设备材料收取的财务费用。费率为0.5%，计费基数为进口合同价款。

6. 关于进口减税、免税和保税货物海关监管手续费

为清理规范进出口环节行政事业性收费和经营服务性收费，取消不合理收费项目，减少收费环节，减轻企业负担，《国务院办公厅关于促进外资稳定增长的若干意见》（国办发〔2012〕49号）明确自2012年10月1日起，取消海关监管手续费。

附录A 中华人民共和国社会保险法

中华人民共和国主席令

第三十五号

《中华人民共和国社会保险法》已由中华人民共和国第十一届全国人民代表大会常务委员会第十七次会议于2010年10月28日通过，现予公布，自2011年7月1日起施行。

中华人民共和国主席 胡锦涛
2010年10月28日

中华人民共和国社会保险法

第一章 总 则

第一条 为了规范社会保险关系，维护公民参加社会保险和享受社会保险待遇的合法权益，使公民共享发展成果，促进社会和谐稳定，根据宪法，制定本法。

第二条 国家建立基本养老保险、基本医疗保险、工伤保险、失业保险、生育保险等社会保险制度，保障公民在年老、疾病、工伤、失业、生育等情况下依法从国家和社会获得物质帮助的权利。

第三条 社会保险制度坚持广覆盖、保基本、多层次、可持续的方针，社会保险水平应当与经济社会发展水平相适应。

第四条 中华人民共和国境内的用人单位和个人依法缴纳社会保险费，有权查询缴费记录、个人权益记录，要求社会保险经办机构提供社会保险咨询等相关服务。

个人依法享受社会保险待遇，有权监督本单位为其缴费情况。

第五条 县级以上人民政府将社会保险事业纳入国民经济和社会发展规划。

国家多渠道筹集社会保险资金。县级以上人民政府对社会保险事业给予必要的经费支持。

国家通过税收优惠政策支持社会保险事业。

第六条 国家对社会保险基金实行严格监管。

国务院和省、自治区、直辖市人民政府建立健全社会保险基金监督管理制度，保障社会保险基金安全、有效运行。

县级以上人民政府采取措施，鼓励和支持社会各方面参与社会保险基金的监督。

第七条 国务院社会保险行政部门负责全国的社会保险管理工作，国务院其他有关部门在各自的职责范围内负责有关的社会保险工作。

县级以上地方人民政府社会保险行政部门负责本行政区域的社会保险管理工作，县级以上地方人民政府其他有关部门在各自的职责范围内负责有关的社会保险工作。

第八条 社会保险经办机构提供社会保险服务，负责社会保险登记、个人权益记录、社会保险待遇支付等工作。

第九条 工会依法维护职工的合法权益，有权参与社会保险重大事项的研究，参加社会保险监督委员会，对与职工社会保险权益有关的事项进行监督。

第二章 基本养老保险

第十条 职工应当参加基本养老保险，由用人单位和职工共同缴纳基本养老保险费。

无雇工的个体工商户、未在用人单位参加基本养老保险的非全日制从业人员以及其他灵活就业人员可以参加基本养老保险，由个人缴纳基本养老保险费。

公务员和参照公务员法管理的工作人员养老保险的办法由国务院规定。

第十一条 基本养老保险实行社会统筹与个人账户相结合。

基本养老保险基金由用人单位和个人缴费以及政府补贴等组成。

第十二条 用人单位应当按照国家规定的本单位职工工资总额的比例缴纳基本养老保险费，记入基本养老保险统筹基金。

职工应当按照国家规定的本人工资的比例缴纳基本养老保险费，记入个人账户。

无雇工的个体工商户、未在用人单位参加基本养老保险的非全日制从业人员以及其他灵活就业人员参加基本养老保险的，应当按照国家规定缴纳基本养老保险费，分别记入基本养老保险统筹基金和个人账户。

第十三条 国有企业、事业单位职工参加基本养老保险前，视同缴费年限期间应当缴纳的基本养老保险费由政府承担。

基本养老保险基金出现支付不足时，政府给予补贴。

第十四条 个人账户不得提前支取，记账利率不得低于银行定期存款利率，免征利息税。个人死亡的，个人账户余额可以继承。

第十五条 基本养老金由统筹养老金和个人账户养老金组成。

基本养老金根据个人累计缴费年限、缴费工资、当地职工平均工资、个人账户金额、城镇人口平均预期寿命等因素确定。

第十六条　参加基本养老保险的个人，达到法定退休年龄时累计缴费满十五年的，按月领取基本养老金。

参加基本养老保险的个人，达到法定退休年龄时累计缴费不足十五年的，可以缴费至满十五年，按月领取基本养老金；也可以转入新型农村社会养老保险或者城镇居民社会养老保险，按照国务院规定享受相应的养老保险待遇。

第十七条　参加基本养老保险的个人，因病或者非因工死亡的，其遗属可以领取丧葬补助金和抚恤金；在未达到法定退休年龄时因病或者非因工致残完全丧失劳动能力的，可以领取病残津贴。所需资金从基本养老保险基金中支付。

第十八条　国家建立基本养老金正常调整机制。根据职工平均工资增长、物价上涨情况，适时提高基本养老保险待遇水平。

第十九条　个人跨统筹地区就业的，其基本养老保险关系随本人转移，缴费年限累计计算。个人达到法定退休年龄时，基本养老金分段计算、统一支付。具体办法由国务院规定。

第二十条　国家建立和完善新型农村社会养老保险制度。

新型农村社会养老保险实行个人缴费、集体补助和政府补贴相结合。

第二十一条　新型农村社会养老保险待遇由基础养老金和个人账户养老金组成。

参加新型农村社会养老保险的农村居民，符合国家规定条件的，按月领取新型农村社会养老保险待遇。

第二十二条　国家建立和完善城镇居民社会养老保险制度。

省、自治区、直辖市人民政府根据实际情况，可以将城镇居民社会养老保险和新型农村社会养老保险合并实施。

第三章 基本医疗保险

第二十三条 职工应当参加职工基本医疗保险，由用人单位和职工按照国家规定共同缴纳基本医疗保险费。

无雇工的个体工商户、未在用人单位参加职工基本医疗保险的非全日制从业人员以及其他灵活就业人员可以参加职工基本医疗保险，由个人按照国家规定缴纳基本医疗保险费。

第二十四条 国家建立和完善新型农村合作医疗制度。

新型农村合作医疗的管理办法，由国务院规定。

第二十五条 国家建立和完善城镇居民基本医疗保险制度。

城镇居民基本医疗保险实行个人缴费和政府补贴相结合。

享受最低生活保障的人、丧失劳动能力的残疾人、低收入家庭六十周岁以上的老年人和未成年人等所需个人缴费部分，由政府给予补贴。

第二十六条 职工基本医疗保险、新型农村合作医疗和城镇居民基本医疗保险的待遇标准按照国家规定执行。

第二十七条 参加职工基本医疗保险的个人，达到法定退休年龄时累计缴费达到国家规定年限的，退休后不再缴纳基本医疗保险费，按照国家规定享受基本医疗保险待遇；未达到国家规定年限的，可以缴费至国家规定年限。

第二十八条 符合基本医疗保险药品目录、诊疗项目、医疗服务设施标准以及急诊、抢救的医疗费用，按照国家规定从基本医疗保险基金中支付。

第二十九条 参保人员医疗费用中应当由基本医疗保险基金支付的部分，由社会保险经办机构与医疗机构、药品经营单位直接结算。

社会保险行政部门和卫生行政部门应当建立异地就医

医疗费用结算制度，方便参保人员享受基本医疗保险待遇。

第三十条 下列医疗费用不纳入基本医疗保险基金支付范围：

（一）应当从工伤保险基金中支付的；

（二）应当由第三人负担的；

（三）应当由公共卫生负担的；

（四）在境外就医的。

医疗费用依法应当由第三人负担，第三人不支付或者无法确定第三人的，由基本医疗保险基金先行支付。基本医疗保险基金先行支付后，有权向第三人追偿。

第三十一条 社会保险经办机构根据管理服务的需要，可以与医疗机构、药品经营单位签订服务协议，规范医疗服务行为。

医疗机构应当为参保人员提供合理、必要的医疗服务。

第三十二条 个人跨统筹地区就业的，其基本医疗保险关系随本人转移，缴费年限累计计算。

第四章 工伤保险

第三十三条 职工应当参加工伤保险，由用人单位缴纳工伤保险费，职工不缴纳工伤保险费。

第三十四条 国家根据不同行业的工伤风险程度确定行业的差别费率，并根据使用工伤保险基金、工伤发生率等情况在每个行业内确定费率档次。行业差别费率和行业内费率档次由国务院社会保险行政部门制定，报国务院批准后公布施行。

社会保险经办机构根据用人单位使用工伤保险基金、工伤发生率和所属行业费率档次等情况，确定用人单位缴费费率。

第三十五条 用人单位应当按照本单位职工工资总额，

根据社会保险经办机构确定的费率缴纳工伤保险费。

第三十六条 职工因工作原因受到事故伤害或者患职业病，且经工伤认定的，享受工伤保险待遇；其中，经劳动能力鉴定丧失劳动能力的，享受伤残待遇。

工伤认定和劳动能力鉴定应当简捷、方便。

第三十七条 职工因下列情形之一导致本人在工作中伤亡的，不认定为工伤：

（一）故意犯罪；

（二）醉酒或者吸毒；

（三）自残或者自杀；

（四）法律、行政法规规定的其他情形。

第三十八条 因工伤发生的下列费用，按照国家规定从工伤保险基金中支付：

（一）治疗工伤的医疗费用和康复费用；

（二）住院伙食补助费；

（三）到统筹地区以外就医的交通食宿费；

（四）安装配置伤残辅助器具所需费用；

（五）生活不能自理的，经劳动能力鉴定委员会确认的生活护理费；

（六）一次性伤残补助金和一至四级伤残职工按月领取的伤残津贴；

（七）终止或者解除劳动合同时，应当享受的一次性医疗补助金；

（八）因工死亡的，其遗属领取的丧葬补助金、供养亲属抚恤金和因工死亡补助金；

（九）劳动能力鉴定费。

第三十九条 因工伤发生的下列费用，按照国家规定由用人单位支付：

（一）治疗工伤期间的工资福利；

（二）五级、六级伤残职工按月领取的伤残津贴；

（三）终止或者解除劳动合同时，应当享受的一次性伤残就业补助金。

第四十条 工伤职工符合领取基本养老金条件的，停发伤残津贴，享受基本养老保险待遇。基本养老保险待遇低于伤残津贴的，从工伤保险基金中补足差额。

第四十一条 职工所在用人单位未依法缴纳工伤保险费，发生工伤事故的，由用人单位支付工伤保险待遇。用人单位不支付的，从工伤保险基金中先行支付。

从工伤保险基金中先行支付的工伤保险待遇应当由用人单位偿还。用人单位不偿还的，社会保险经办机构可以依照本法第六十三条的规定追偿。

第四十二条 由于第三人的原因造成工伤，第三人不支付工伤医疗费用或者无法确定第三人的，由工伤保险基金先行支付。工伤保险基金先行支付后，有权向第三人追偿。

第四十三条 工伤职工有下列情形之一的，停止享受工伤保险待遇：

（一）丧失享受待遇条件的；

（二）拒不接受劳动能力鉴定的；

（三）拒绝治疗的。

第五章 失业保险

第四十四条 职工应当参加失业保险，由用人单位和职工按照国家规定共同缴纳失业保险费。

第四十五条 失业人员符合下列条件的，从失业保险基金中领取失业保险金：

（一）失业前用人单位和本人已经缴纳失业保险费满一年的；

（二）非因本人意愿中断就业的；

（三）已经进行失业登记，并有求职要求的。

第四十六条 失业人员失业前用人单位和本人累计缴费满一年不足五年的，领取失业保险金的期限最长为十二个月；累计缴费满五年不足十年的，领取失业保险金的期限最长为十八个月；累计缴费十年以上的，领取失业保险金的期限最长为二十四个月。重新就业后，再次失业的，缴费时间重新计算，领取失业保险金的期限与前次失业应当领取而尚未领取的失业保险金的期限合并计算，最长不超过二十四个月。

第四十七条 失业保险金的标准，由省、自治区、直辖市人民政府确定，不得低于城市居民最低生活保障标准。

第四十八条 失业人员在领取失业保险金期间，参加职工基本医疗保险，享受基本医疗保险待遇。

失业人员应当缴纳的基本医疗保险费从失业保险基金中支付，个人不缴纳基本医疗保险费。

第四十九条 失业人员在领取失业保险金期间死亡的，参照当地对在职职工死亡的规定，向其遗属发给一次性丧葬补助金和抚恤金。所需资金从失业保险基金中支付。

个人死亡同时符合领取基本养老保险丧葬补助金、工伤保险丧葬补助金和失业保险丧葬补助金条件的，其遗属只能选择领取其中的一项。

第五十条 用人单位应当及时为失业人员出具终止或者解除劳动关系的证明，并将失业人员的名单自终止或者解除劳动关系之日起十五日内告知社会保险经办机构。

失业人员应当持本单位为其出具的终止或者解除劳动关系的证明，及时到指定的公共就业服务机构办理失业登记。

失业人员凭失业登记证明和个人身份证明，到社会保险经办机构办理领取失业保险金的手续。失业保险金领取期限自办理失业登记之日起计算。

第五十一条 失业人员在领取失业保险金期间有下列情形之一的，停止领取失业保险金，并同时停止享受其他失业保险待遇：

（一）重新就业的；

（二）应征服兵役的；

（三）移居境外的；

（四）享受基本养老保险待遇的；

（五）无正当理由，拒不接受当地人民政府指定部门或者机构介绍的适当工作或者提供的培训的。

第五十二条 职工跨统筹地区就业的，其失业保险关系随本人转移，缴费年限累计计算。

第六章 生育保险

第五十三条 职工应当参加生育保险，由用人单位按照国家规定缴纳生育保险费，职工不缴纳生育保险费。

第五十四条 用人单位已经缴纳生育保险费的，其职工享受生育保险待遇；职工未就业配偶按照国家规定享受生育医疗费用待遇。所需资金从生育保险基金中支付。

生育保险待遇包括生育医疗费用和生育津贴。

第五十五条 生育医疗费用包括下列各项：

（一）生育的医疗费用；

（二）计划生育的医疗费用；

（三）法律、法规规定的其他项目费用。

第五十六条 职工有下列情形之一的，可以按照国家规定享受生育津贴：

（一）女职工生育享受产假；

（二）享受计划生育手术休假；

（三）法律、法规规定的其他情形。

生育津贴按照职工所在用人单位上年度职工月平均工

资计发。

第七章　社会保险费征缴

第五十七条　用人单位应当自成立之日起三十日内凭营业执照、登记证书或者单位印章，向当地社会保险经办机构申请办理社会保险登记。社会保险经办机构应当自收到申请之日起十五日内予以审核，发给社会保险登记证件。

用人单位的社会保险登记事项发生变更或者用人单位依法终止的，应当自变更或者终止之日起三十日内，到社会保险经办机构办理变更或者注销社会保险登记。

工商行政管理部门、民政部门和机构编制管理机关应当及时向社会保险经办机构通报用人单位的成立、终止情况，公安机关应当及时向社会保险经办机构通报个人的出生、死亡以及户口登记、迁移、注销等情况。

第五十八条　用人单位应当自用工之日起三十日内为其职工向社会保险经办机构申请办理社会保险登记。未办理社会保险登记的，由社会保险经办机构核定其应当缴纳的社会保险费。

自愿参加社会保险的无雇工的个体工商户、未在用人单位参加社会保险的非全日制从业人员以及其他灵活就业人员，应当向社会保险经办机构申请办理社会保险登记。

国家建立全国统一的个人社会保障号码。个人社会保障号码为公民身份号码。

第五十九条　县级以上人民政府加强社会保险费的征收工作。

社会保险费实行统一征收，实施步骤和具体办法由国务院规定。

第六十条　用人单位应当自行申报、按时足额缴纳社会保险费，非因不可抗力等法定事由不得缓缴、减免。职工应当缴纳的社会保险费由用人单位代扣代缴，用人单位应当按月将缴纳社会保险费的明细情况告知本人。

无雇工的个体工商户、未在用人单位参加社会保险的非全日制从业人员以及其他灵活就业人员，可以直接向社会保险费征收机构缴纳社会保险费。

第六十一条 社会保险费征收机构应当依法按时足额征收社会保险费，并将缴费情况定期告知用人单位和个人。

第六十二条 用人单位未按规定申报应当缴纳的社会保险费数额的，按照该单位上月缴费额的百分之一百一十确定应当缴纳数额；缴费单位补办申报手续后，由社会保险费征收机构按照规定结算。

第六十三条 用人单位未按时足额缴纳社会保险费的，由社会保险费征收机构责令其限期缴纳或者补足。

用人单位逾期仍未缴纳或者补足社会保险费的，社会保险费征收机构可以向银行和其他金融机构查询其存款账户；并可以申请县级以上有关行政部门作出划拨社会保险费的决定，书面通知其开户银行或者其他金融机构划拨社会保险费。用人单位账户余额少于应当缴纳的社会保险费的，社会保险费征收机构可以要求该用人单位提供担保，签订延期缴费协议。

用人单位未足额缴纳社会保险费且未提供担保的，社会保险费征收机构可以申请人民法院扣押、查封、拍卖其价值相当于应当缴纳社会保险费的财产，以拍卖所得抵缴社会保险费。

第八章 社会保险基金

第六十四条 社会保险基金包括基本养老保险基金、基本医疗保险基金、工伤保险基金、失业保险基金和生育保险基金。各项社会保险基金按照社会保险险种分别建账，分账核算，执行国家统一的会计制度。

社会保险基金专款专用，任何组织和个人不得侵占或者挪用。

基本养老保险基金逐步实行全国统筹，其他社会保险基金逐步实行省级统筹，具体时间、步骤由国务院规定。

第六十五条 社会保险基金通过预算实现收支平衡。

县级以上人民政府在社会保险基金出现支付不足时，给予补贴。

第六十六条 社会保险基金按照统筹层次设立预算。社会保险基金预算按照社会保险项目分别编制。

第六十七条 社会保险基金预算、决算草案的编制、审核和批准，依照法律和国务院规定执行。

第六十八条 社会保险基金存入财政专户，具体管理办法由国务院规定。

第六十九条 社会保险基金在保证安全的前提下，按照国务院规定投资运营实现保值增值。

社会保险基金不得违规投资运营，不得用于平衡其他政府预算，不得用于兴建、改建办公场所和支付人员经费、运行费用、管理费用，或者违反法律、行政法规规定挪作其他用途。

第七十条 社会保险经办机构应当定期向社会公布参加社会保险情况以及社会保险基金的收入、支出、结余和收益情况。

第七十一条 国家设立全国社会保障基金，由中央财政预算拨款以及国务院批准的其他方式筹集的资金构成，用于社会保障支出的补充、调剂。全国社会保障基金由全国社会保障基金管理运营机构负责管理运营，在保证安全的前提下实现保值增值。

全国社会保障基金应当定期向社会公布收支、管理和投资运营的情况。国务院财政部门、社会保险行政部门、审计机关对全国社会保障基金的收支、管理和投资运营情况实施监督。

第九章　社会保险经办

第七十二条　统筹地区设立社会保险经办机构。社会保险经办机构根据工作需要，经所在地的社会保险行政部门和机构编制管理机关批准，可以在本统筹地区设立分支机构和服务网点。

社会保险经办机构的人员经费和经办社会保险发生的基本运行费用、管理费用，由同级财政按照国家规定予以保障。

第七十三条　社会保险经办机构应当建立健全业务、财务、安全和风险管理制度。

社会保险经办机构应当按时足额支付社会保险待遇。

第七十四条　社会保险经办机构通过业务经办、统计、调查获取社会保险工作所需的数据，有关单位和个人应当及时、如实提供。

社会保险经办机构应当及时为用人单位建立档案，完整、准确地记录参加社会保险的人员、缴费等社会保险数据，妥善保管登记、申报的原始凭证和支付结算的会计凭证。

社会保险经办机构应当及时、完整、准确地记录参加社会保险的个人缴费和用人单位为其缴费，以及享受社会保险待遇等个人权益记录，定期将个人权益记录单免费寄送本人。

用人单位和个人可以免费向社会保险经办机构查询、核对其缴费和享受社会保险待遇记录，要求社会保险经办机构提供社会保险咨询等相关服务。

第七十五条　全国社会保险信息系统按照国家统一规

划，由县级以上人民政府按照分级负责的原则共同建设。

第十章 社会保险监督

第七十六条 各级人民代表大会常务委员会听取和审议本级人民政府对社会保险基金的收支、管理、投资运营以及监督检查情况的专项工作报告，组织对本法实施情况的执法检查等，依法行使监督职权。

第七十七条 县级以上人民政府社会保险行政部门应当加强对用人单位和个人遵守社会保险法律、法规情况的监督检查。

社会保险行政部门实施监督检查时，被检查的用人单位和个人应当如实提供与社会保险有关的资料，不得拒绝检查或者谎报、瞒报。

第七十八条 财政部门、审计机关按照各自职责，对社会保险基金的收支、管理和投资运营情况实施监督。

第七十九条 社会保险行政部门对社会保险基金的收支、管理和投资运营情况进行监督检查，发现存在问题的，应当提出整改建议，依法作出处理决定或者向有关行政部门提出处理建议。社会保险基金检查结果应当定期向社会公布。

社会保险行政部门对社会保险基金实施监督检查，有权采取下列措施：

（一）查阅、记录、复制与社会保险基金收支、管理和投资运营相关的资料，对可能被转移、隐匿或者灭失的资料予以封存；

（二）询问与调查事项有关的单位和个人，要求其对与调查事项有关的问题作出说明、提供有关证明材料；

（三）对隐匿、转移、侵占、挪用社会保险基金的行为予以制止并责令改正。

第八十条　统筹地区人民政府成立由用人单位代表、参保人员代表，以及工会代表、专家等组成的社会保险监督委员会，掌握、分析社会保险基金的收支、管理和投资运营情况，对社会保险工作提出咨询意见和建议，实施社会监督。

社会保险经办机构应当定期向社会保险监督委员会汇报社会保险基金的收支、管理和投资运营情况。社会保险监督委员会可以聘请会计师事务所对社会保险基金的收支、管理和投资运营情况进行年度审计和专项审计。审计结果应当向社会公开。

社会保险监督委员会发现社会保险基金收支、管理和投资运营中存在问题的，有权提出改正建议；对社会保险经办机构及其工作人员的违法行为，有权向有关部门提出依法处理建议。

第八十一条　社会保险行政部门和其他有关行政部门、社会保险经办机构、社会保险费征收机构及其工作人员，应当依法为用人单位和个人的信息保密，不得以任何形式泄露。

第八十二条　任何组织或者个人有权对违反社会保险法律、法规的行为进行举报、投诉。

社会保险行政部门、卫生行政部门、社会保险经办机构、社会保险费征收机构和财政部门、审计机关对属于本部门、本机构职责范围的举报、投诉，应当依法处理；对不属于本部门、本机构职责范围的，应当书面通知并移交有权处理的部门、机构处理。有权处理的部门、机构应当及时处理，不得推诿。

第八十三条　用人单位或者个人认为社会保险费征收机构的行为侵害自己合法权益的，可以依法申请行政复议或者提起行政诉讼。

用人单位或者个人对社会保险经办机构不依法办理社

会保险登记、核定社会保险费、支付社会保险待遇、办理社会保险转移接续手续或者侵害其他社会保险权益的行为，可以依法申请行政复议或者提起行政诉讼。

个人与所在用人单位发生社会保险争议的，可以依法申请调解、仲裁，提起诉讼。用人单位侵害个人社会保险权益的，个人也可以要求社会保险行政部门或者社会保险费征收机构依法处理。

第十一章　法律责任

第八十四条　用人单位不办理社会保险登记的，由社会保险行政部门责令限期改正；逾期不改正的，对用人单位处应缴社会保险费数额一倍以上三倍以下的罚款，对其直接负责的主管人员和其他直接责任人员处五百元以上三千元以下的罚款。

第八十五条　用人单位拒不出具终止或者解除劳动关系证明的，依照《中华人民共和国劳动合同法》的规定处理。

第八十六条　用人单位未按时足额缴纳社会保险费的，由社会保险费征收机构责令限期缴纳或者补足，并自欠缴之日起，按日加收万分之五的滞纳金；逾期仍不缴纳的，由有关行政部门处欠缴数额一倍以上三倍以下的罚款。

第八十七条　社会保险经办机构以及医疗机构、药品经营单位等社会保险服务机构以欺诈、伪造证明材料或者其他手段骗取社会保险基金支出的，由社会保险行政部门责令退回骗取的社会保险金，处骗取金额二倍以上五倍以下的罚款；属于社会保险服务机构的，解除服务协议；直接负责的主管人员和其他直接责任人员有执业资格的，依法吊销其执业资格。

第八十八条　以欺诈、伪造证明材料或者其他手段骗取社会保险待遇的，由社会保险行政部门责令退回骗取的社会保险金，处骗取金额二倍以上五倍以下的罚款。

第八十九条 社会保险经办机构及其工作人员有下列行为之一的，由社会保险行政部门责令改正；给社会保险基金、用人单位或者个人造成损失的，依法承担赔偿责任；对直接负责的主管人员和其他直接责任人员依法给予处分：

（一）未履行社会保险法定职责的；

（二）未将社会保险基金存入财政专户的；

（三）克扣或者拒不按时支付社会保险待遇的；

（四）丢失或者篡改缴费记录、享受社会保险待遇记录等社会保险数据、个人权益记录的；

（五）有违反社会保险法律、法规的其他行为的。

第九十条 社会保险费征收机构擅自更改社会保险费缴费基数、费率，导致少收或者多收社会保险费的，由有关行政部门责令其追缴应当缴纳的社会保险费或者退还不应当缴纳的社会保险费；对直接负责的主管人员和其他直接责任人员依法给予处分。

第九十一条 违反本法规定，隐匿、转移、侵占、挪用社会保险基金或者违规投资运营的，由社会保险行政部门、财政部门、审计机关责令追回；有违法所得的，没收违法所得；对直接负责的主管人员和其他直接责任人员依法给予处分。

第九十二条 社会保险行政部门和其他有关行政部门、社会保险经办机构、社会保险费征收机构及其工作人员泄露用人单位和个人信息的，对直接负责的主管人员和其他直接责任人员依法给予处分；给用人单位或者个人造成损失的，应当承担赔偿责任。

第九十三条 国家工作人员在社会保险管理、监督工作中滥用职权、玩忽职守、徇私舞弊的，依法给予处分。

第九十四条 违反本法规定，构成犯罪的，依法追究刑事责任。

第十二章　附　　则

第九十五条　进城务工的农村居民依照本法规定参加社会保险。

第九十六条　征收农村集体所有的土地，应当足额安排被征地农民的社会保险费，按照国务院规定将被征地农民纳入相应的社会保险制度。

第九十七条　外国人在中国境内就业的，参照本法规定参加社会保险。

第九十八条　本法自 2011 年 7 月 1 日起施行。

附录 B 建设工程质量管理条例

中华人民共和国国务院令

第 279 号

《建设工程质量管理条例》已经 2000 年 1 月 10 日国务院第 25 次常务会议通过，现予发布，自发布之日起施行。

总理 朱镕基

2000 年 1 月 30 日

建设工程质量管理条例

第一章 总 则

第一条 为了加强对建设工程质量的管理，保证建设工程质量，保护人民生命和财产安全，根据《中华人民共和国建筑法》，制定本条例。

第二条 凡在中华人民共和国境内从事建设工程的新建、扩建、改建等有关活动及实施对建设工程质量监督管理的，必须遵守本条例。

本条例所称建设工程，是指土木工程、建筑工程、线路管道和设备安装工程及装修工程。

第三条 建设单位、勘察单位、设计单位、施工单位、工程监理单位依法对建设工程质量负责。

第四条 县级以上人民政府建设行政主管部门和其他有关部门应当加强对建设工程质量的监督管理。

第五条 从事建设工程活动，必须严格执行基本建设程序，坚持先勘察、后设计、再施工的原则。

县级以上人民政府及其有关部门不得超越权限审批建设项目或者擅自简化基本建设程序。

第六条 国家鼓励采用先进的科学技术和管理方法，提高建设工程质量。

第二章 建设单位的质量责任和义务

第七条 建设单位应当将工程发包给具有相应资质等级的单位。

建设单位不得将建设工程肢解发包。

第八条 建设单位应当依法对工程建设项目的勘察、设计、施工、监理以及与工程建设有关的重要设备、材料等的采购进行招标。

第九条 建设单位必须向有关的勘察、设计、施工、工程监理等单位提供与建设工程有关的原始资料。

原始资料必须真实、准确、齐全。

第十条 建设工程发包单位，不得迫使承包方以低于成本的价格竞标，不得任意压缩合理工期。

建设单位不得明示或者暗示设计单位或者施工单位违反工程建设强制性标准，降低建设工程质量。

第十一条 建设单位应当将施工图设计文件报县级以上人民政府建设行政主管部门或者其他有关部门审查。施工图设计文件审查的具体办法，由国务院建设行政主管部门会同国务院其他有关部门制定。

施工图设计文件未经审查批准的，不得使用。

第十二条 实行监理的建设工程，建设单位应当委托具有相应资质等级的工程监理单位进行监理，也可以委托具有工程监理相应资质等级并与被监理工程的施工承包单位没有隶属关系或者其他利害关系的该工程的设计单位进行监理。

下列建设工程必须实行监理：

（一）国家重点建设工程；

（二）大中型公用事业工程；

（三）成片开发建设的住宅小区工程；

（四）利用外国政府或者国际组织贷款、援助资金的工程；

（五）国家规定必须实行监理的其他工程。

第十三条 建设单位在领取施工许可证或者开工报告前，应当按照国家有关规定办理工程质量监督手续。

第十四条 按照合同约定，由建设单位采购建筑材料、建筑构配件和设备的，建设单位应当保证建筑材料、建筑构配件和设备符合设计文件和合同要求。

建设单位不得明示或者暗示施工单位使用不合格的建筑材料、建筑构配件和设备。

第十五条 涉及建筑主体和承重结构变动的装修工程，建设单位应当在施工前委托原设计单位或者具有相应资质等级的设计单位提出设计方案；没有设计方案的，不得施工。

房屋建筑使用者在装修过程中，不得擅自变动房屋建筑主体和承重结构。

第十六条 建设单位收到建设工程竣工报告后，应当组织设计、施工、工程监理等有关单位进行竣工验收。

建设工程竣工验收应当具备下列条件：

（一）完成建设工程设计和合同约定的各项内容；

（二）有完整的技术档案和施工管理资料；

（三）有工程使用的主要建筑材料、建筑构配件和设备的进场试验报告；

（四）有勘察、设计、施工、工程监理等单位分别签署的质量合格文件；

（五）有施工单位签署的工程保修书。

建设工程经验收合格的，方可交付使用。

第十七条 建设单位应当严格按照国家有关档案管理的规定，及时收集、整理建设项目各环节的文件资料，建立、健全建设项目档案，并在建设工程竣工验收后，及时向建设行政主管部门或者其他有关部门移交建设项目档案。

第三章 勘察、设计单位的质量责任和义务

第十八条 从事建设工程勘察、设计的单位应当依法取得相应等级的资质证书，并在其资质等级许可的范围内承揽工程。

禁止勘察、设计单位超越其资质等级许可的范围或者以其他勘察、设计单位的名义承揽工程。禁止勘察、设计单位允许其他单位或者个人以本单位的名义承揽工程。

勘察、设计单位不得转包或者违法分包所承揽的工程。

第十九条 勘察、设计单位必须按照工程建设强制性标准进行勘察、设计，并对其勘察、设计的质量负责。

注册建筑师、注册结构工程师等注册执业人员应当在设计文件上签字，对设计文件负责。

第二十条 勘察单位提供的地质、测量、水文等勘察成果必须真实、准确。

第二十一条 设计单位应当根据勘察成果文件进行建设工程设计。

设计文件应当符合国家规定的设计深度要求，注明工程合理使用年限。

第二十二条 设计单位在设计文件中选用的建筑材料、建筑构配件和设备，应当注明规格、型号、性能等技术指标，其质量要求必须符合国家规定的标准。

除有特殊要求的建筑材料、专用设备、工艺生产线等外，

设计单位不得指定生产厂、供应商。

第二十三条 设计单位应当就审查合格的施工图设计文件向施工单位作出详细说明。

第二十四条 设计单位应当参与建设工程质量事故分析，并对因设计造成的质量事故，提出相应的技术处理方案。

第四章 施工单位的质量责任和义务

第二十五条 施工单位应当依法取得相应等级的资质证书，并在其资质等级许可的范围内承揽工程。

禁止施工单位超越本单位资质等级许可的业务范围或者以其他施工单位的名义承揽工程。禁止施工单位允许其他单位或者个人以本单位的名义承揽工程。

施工单位不得转包或者违法分包工程。

第二十六条 施工单位对建设工程的施工质量负责。

施工单位应当建立质量责任制，确定工程项目的项目经理、技术负责人和施工管理负责人。

建设工程实行总承包的，总承包单位应当对全部建设工程质量负责；建设工程勘察、设计、施工、设备采购的一项或者多项实行总承包的，总承包单位应当对其承包的建设工程或者采购的设备的质量负责。

第二十七条 总承包单位依法将建设工程分包给其他单位的，分包单位应当按照分包合同的约定对其分包工程的质量向总承包单位负责，总承包单位与分包单位对分包工程的质量承担连带责任。

第二十八条 施工单位必须按照工程设计图纸和施工技术标准施工，不得擅自修改工程设计，不得偷工减料。

施工单位在施工过程中发现设计文件和图纸有差错的，应当及时提出意见和建议。

第二十九条 施工单位必须按照工程设计要求、施工技术标准和合同约定，对建筑材料、建筑构配件、设备和商品混凝土进行检验，检验应当有书面记录和专人签字；未经检验或者检验不合格的，不得使用。

第三十条 施工单位必须建立、健全施工质量的检验制度，严格工序管理，作好隐蔽工程的质量检查和记录。隐蔽工程在隐蔽前，施工单位应当通知建设单位和建设工程质量监督机构。

第三十一条 施工人员对涉及结构安全的试块、试件以及有关材料，应当在建设单位或者工程监理单位监督下现场取样，并送具有相应资质等级的质量检测单位进行检测。

第三十二条 施工单位对施工中出现质量问题的建设工程或者竣工验收不合格的建设工程，应当负责返修。

第三十三条 施工单位应当建立、健全教育培训制度，加强对职工的教育培训；未经教育培训或者考核不合格的人员，不得上岗作业。

第五章 工程监理单位的质量责任和义务

第三十四条 工程监理单位应当依法取得相应等级的资质证书，并在其资质等级许可的范围内承担工程监理业务。

禁止工程监理单位超越本单位资质等级许可的范围或者以其他工程监理单位的名义承担工程监理业务。禁止工程监理单位允许其他单位或者个人以本单位的名义承担工程监理业务。

工程监理单位不得转让工程监理业务。

第三十五条 工程监理单位与被监理工程的施工承包单位以及建筑材料、建筑构配件和设备供应单位有隶属关系或者其他利害关系的，不得承担该项建设工程的监理业务。

第三十六条 工程监理单位应当依照法律、法规以及有关技术标准、设计文件和建设工程承包合同，代表建设单位对施工质量实施监理，并对施工质量承担监理责任。

第三十七条 工程监理单位应当选派具备相应资格的总监理工程师和监理工程师进驻施工现场。

未经监理工程师签字，建筑材料、建筑构配件和设备不得在工程上使用或者安装，施工单位不得进行下一道工序的施工。未经总监理工程师签字，建设单位不拨付工程款，不进行竣工验收。

第三十八条 监理工程师应当按照工程监理规范的要求，采取旁站、巡视和平行检验等形式，对建设工程实施监理。

第六章 建设工程质量保修

第三十九条 建设工程实行质量保修制度。

建设工程承包单位在向建设单位提交工程竣工验收报告时，应当向建设单位出具质量保修书。质量保修书中应当明确建设工程的保修范围、保修期限和保修责任等。

第四十条 在正常使用条件下，建设工程的最低保修期限为：

（一）基础设施工程、房屋建筑的地基基础工程和主体结构工程，为设计文件规定的该工程的合理使用年限；

（二）屋面防水工程、有防水要求的卫生间、房间和外墙面的防渗漏，为 5 年；

（三）供热与供冷系统，为 2 个采暖期、供冷期；

（四）电气管线、给排水管道、设备安装和装修工程，为 2 年。

其他项目的保修期限由发包方与承包方约定。

建设工程的保修期，自竣工验收合格之日起计算。

第四十一条 建设工程在保修范围和保修期限内发生质量问题的，施工单位应当履行保修义务，并对造成的损失承担赔偿责任。

第四十二条 建设工程在超过合理使用年限后需要继续使用的，产权所有人应当委托具有相应资质等级的勘察、设计单位鉴定，并根据鉴定结果采取加固、维修等措施，重新界定使用期。

第七章 监督管理

第四十三条 国家实行建设工程质量监督管理制度。

国务院建设行政主管部门对全国的建设工程质量实施统一监督管理。国务院铁路、交通、水利等有关部门按照国务院规定的职责分工，负责对全国的有关专业建设工程质量的监督管理。

县级以上地方人民政府建设行政主管部门对本行政区域内的建设工程质量实施监督管理。县级以上地方人民政府交通、水利等有关部门在各自的职责范围内，负责对本行政区域内的专业建设工程质量的监督管理。

第四十四条 国务院建设行政主管部门和国务院铁路、交通、水利等有关部门应当加强对有关建设工程质量的法律、法规和强制性标准执行情况的监督检查。

第四十五条 国务院发展计划部门按照国务院规定的职责，组织稽察特派员，对国家出资的重大建设项目实施监督检查。

国务院经济贸易主管部门按照国务院规定的职责，对国家重大技术改造项目实施监督检查。

第四十六条 建设工程质量监督管理，可以由建设行政主管部门或者其他有关部门委托的建设工程质量监督机构具体实施。

从事房屋建筑工程和市政基础设施工程质量监督的机构，必须按照国家有关规定经国务院建设行政主管部门或者省、自治区、直辖市人民政府建设行政主管部门考核；从事专业建设工程质量监督的机构，必须按照国家有关规定经国务院有关部门或者省、自治区、直辖市人民政府有关部门考核。经考核合格后，方可实施质量监督。

第四十七条 县级以上地方人民政府建设行政主管部门和其他有关部门应当加强对有关建设工程质量的法律、法规和强制性标准执行情况的监督检查。

第四十八条 县级以上人民政府建设行政主管部门和其他有关部门履行监督检查职责时，有权采取下列措施：

（一）要求被检查的单位提供有关工程质量的文件和资料；

（二）进入被检查单位的施工现场进行检查；

（三）发现有影响工程质量的问题时，责令改正。

第四十九条 建设单位应当自建设工程竣工验收合格之日起 15 日内，将建设工程竣工验收报告和规划、公安消防、环保等部门出具的认可文件或者准许使用文件报建设行政主管部门或者其他有关部门备案。

建设行政主管部门或者其他有关部门发现建设单位在竣工验收过程中有违反国家有关建设工程质量管理规定行为的，责令停止使用，重新组织竣工验收。

第五十条 有关单位和个人对县级以上人民政府建设行政主管部门和其他有关部门进行的监督检查应当支持与配合，不得拒绝或者阻碍建设工程质量监督检查人员依法执行职务。

第五十一条 供水、供电、供气、公安消防等部门或者单位不得明示或者暗示建设单位、施工单位购买其指定的生产供应单位的建筑材料、建筑构配件和设备。

第五十二条 建设工程发生质量事故，有关单位应当在 24 小时内向当地建设行政主管部门和其他有关部门报告。对重大质量事故，事故发生地的建设行政主管部门和其他有关部门应当按照事故类别和等级向当地人民政府和上级建设行政主管部门和其他有关部门报告。

特别重大质量事故的调查程序按照国务院有关规定办理。

第五十三条 任何单位和个人对建设工程的质量事故、质量缺陷都有权检举、控告、投诉。

第八章 罚 则

第五十四条 违反本条例规定，建设单位将建设工程发包给不具有相应资质等级的勘察、设计、施工单位或者委托给不具有相应资质等级的工程监理单位的，责令改正，处50万元以上100万元以下的罚款。

第五十五条 违反本条例规定，建设单位将建设工程肢解发包的，责令改正，处工程合同价款0.5%以上1%以下的罚款；对全部或者部分使用国有资金的项目，并可以暂停项目执行或者暂停资金拨付。

第五十六条 违反本条例规定，建设单位有下列行为之一的，责令改正，处20万元以上50万元以下的罚款：

（一）迫使承包方以低于成本的价格竞标的；

（二）任意压缩合理工期的；

（三）明示或者暗示设计单位或者施工单位违反工程建设强制性标准，降低工程质量的；

（四）施工图设计文件未经审查或者审查不合格，擅自施工的；

（五）建设项目必须实行工程监理而未实行工程监理的；

（六）未按照国家规定办理工程质量监督手续的；

（七）明示或者暗示施工单位使用不合格的建筑材料、建筑构配件和设备的；

（八）未按照国家规定将竣工验收报告、有关认可文件或者准许使用文件报送备案的。

第五十七条 违反本条例规定，建设单位未取得施工许可证或者开工报告未经批准，擅自施工的，责令停止施工，限期改正，处工程合同价款1%以上2%以下的罚款。

第五十八条 违反本条例规定，建设单位有下列行为之一的，责令改正，处工程合同价款2%以上4%以下的罚款；造成损失的，依法承担赔偿责任：

（一）未组织竣工验收，擅自交付使用的；

（二）验收不合格，擅自交付使用的；

（三）对不合格的建设工程按照合格工程验收的。

第五十九条 违反本条例规定，建设工程竣工验收后，建设单位未向建设行政主管部门或者其他有关部门移交建设项目档案的，责令改正，处1万元以上10万元以下的罚款。

第六十条 违反本条例规定，勘察、设计、施工、工程监理单位超越本单位资质等级承揽工程的，责令停止违法行为，对勘察、设计单位或者工程监理单位处合同约定的勘察费、设计费或者监理酬金1倍以上2倍以下的罚款；对施工单位处工程合同价款2%以上4%以下的罚款，可以责令停业整顿，降低资质等级；情节严重的，吊销资质证书；有违法所得的，予以没收。

未取得资质证书承揽工程的，予以取缔，依照前款规定处以罚款；有违法所得的，予以没收。

以欺骗手段取得资质证书承揽工程的，吊销资质证书，依照本条第一款规定处以罚款；有违法所得的，予以没收。

第六十一条 违反本条例规定，勘察、设计、施工、工程监理单位允许其他单位或者个人以本单位名义承揽工程的，责令改正，没收违法所得，对勘察、设计单位和工程监理单位处合同约定的勘察费、设计费和监理酬金1倍以上2倍以下的罚款；对施工单位处工程合同价款2%以上4%以下的罚款；可以责令停业整顿，降低资质等级；情节严重的，吊销资质证书。

第六十二条 违反本条例规定，承包单位将承包的工程转包或者违法分包的，责令改正，没收违法所得，对勘察、设计单位处合同约定的勘察费、设计费25%以上50%以下的罚款；对施工单位处工程合同价款0.5%以上1%以下的罚款；可以责令停业整顿，降低资质等级；情节严重的，吊销资质证书。

工程监理单位转让工程监理业务的，责令改正，没收违法所得，处合同约定的监理酬金25%以上50%以下的罚款；可以责令停业整顿，降低资质等级；情节严重的，吊销资质证书。

第六十三条 违反本条例规定，有下列行为之一的，责令改正，处10万元以上30万元以下的罚款：

（一）勘察单位未按照工程建设强制性标准进行勘察的；

（二）设计单位未根据勘察成果文件进行工程设计的；

（三）设计单位指定建筑材料、建筑构配件的生产厂、供应商的；

（四）设计单位未按照工程建设强制性标准进行设计的。

有前款所列行为，造成工程质量事故的，责令停业整顿，降低资质等级；情节严重的，吊销资质证书；造成损失的，依法承担赔偿责任。

第六十四条 违反本条例规定，施工单位在施工中偷工减料的，使用不合格的建筑材料、建筑构配件和设备的，或者有不按照工程设计图纸或者施工技术标准施工的其他行为的，责令改正，处工程合同价款2%以上4%以下的罚款；造成建设工程质量不符合规定的质量标准的，负责返工、修理，并赔偿因此造成的损失；情节严重的，责令停业整顿，降低资质等级或者吊销资质证书。

第六十五条 违反本条例规定，施工单位未对建筑材料、建筑构配件、设备和商品混凝土进行检验，或者未对涉及结构安全的试块、试件以及有关材料取样检测的，责令改正，处 10 万元以上 20 万元以下的罚款；情节严重的，责令停业整顿，降低资质等级或者吊销资质证书；造成损失的，依法承担赔偿责任。

第六十六条 违反本条例规定，施工单位不履行保修义务或者拖延履行保修义务的，责令改正，处 10 万元以上 20 万元以下的罚款，并对在保修期内因质量缺陷造成的损失承担赔偿责任。

第六十七条 工程监理单位有下列行为之一的，责令改正，处 50 万元以上 100 万元以下的罚款，降低资质等级或者吊销资质证书；有违法所得的，予以没收；造成损失的，承担连带赔偿责任：

（一）与建设单位或者施工单位串通，弄虚作假、降低工程质量的；

（二）将不合格的建设工程、建筑材料、建筑构配件和设备按照合格签字的。

第六十八条 违反本条例规定，工程监理单位与被监理工程的施工承包单位以及建筑材料、建筑构配件和设备供应单位有隶属关系或者其他利害关系承担该项建设工程的监理业务的，责令改正，处 5 万元以上 10 万元以下的罚款，降低资质等级或者吊销资质证书；有违法所得的，予以没收。

第六十九条 违反本条例规定，涉及建筑主体或者承重结构变动的装修工程，没有设计方案擅自施工的，责令改正，处 50 万元以上 100 万元以下的罚款；房屋建筑使用者在装修过程中擅自变动房屋建筑主体和承重结构的，责令改正，处 5 万元以上 10 万元以下的罚款。

有前款所列行为，造成损失的，依法承担赔偿责任。

第七十条 发生重大工程质量事故隐瞒不报、谎报或者拖延报告期限的，对直接负责的主管人员和其他责任人员依法给予行政处分。

第七十一条 违反本条例规定，供水、供电、供气、公安消防等部门或者单位明示或者暗示建设单位或者施工单位购买其指定的生产供应单位的建筑材料、建筑构配件和设备的，责令改正。

第七十二条 违反本条例规定，注册建筑师、注册结构工程师、监理工程师等注册执业人员因过错造成质量事故的，责令停止执业 1 年；造成重大质量事故的，吊销执业资格证书，5 年以内不予注册；情节特别恶劣的，终身不予注册。

第七十三条 依照本条例规定，给予单位罚款处罚的，对单位直接负责的主管人员和其他直接责任人员处单位罚款数额 5%以上 10%以下的罚款。

第七十四条 建设单位、设计单位、施工单位、工程监理单位违反国家规定，降低工程质量标准，造成重大安全事故，构成犯罪的，对直接责任人员依法追究刑事责任。

第七十五条 本条例规定的责令停业整顿，降低资质等级和吊销资质证书的行政处罚，由颁发资质证书的机关决定；其他行政处罚，由建设行政主管部门或者其他有关部门依照法定职权决定。

依照本条例规定被吊销资质证书的，由工商行政管理部门吊销其营业执照。

第七十六条 国家机关工作人员在建设工程质量监督管理工作中玩忽职守、滥用职权、徇私舞弊，构成犯罪的，依法追究刑事责任；尚不构成犯罪的，依法给予行政处分。

第七十七条 建设、勘察、设计、施工、工程监理单位的工作人员因调动工作、退休等原因离开该单位后，被发现在该单位工作期间违反国家有关建设工程质量管理规定，造成重大工程质量事故的，仍应当依法追究法律责任。

第九章　附　　则

第七十八条　本条例所称肢解发包，是指建设单位将应当由一个承包单位完成的建设工程分解成若干部分发包给不同的承包单位的行为。

本条例所称违法分包，是指下列行为：

（一）总承包单位将建设工程分包给不具备相应资质条件的单位的；

（二）建设工程总承包合同中未有约定，又未经建设单位认可，承包单位将其承包的部分建设工程交由其他单位完成的；

（三）施工总承包单位将建设工程主体结构的施工分包给其他单位的；

（四）分包单位将其承包的建设工程再分包的。

本条例所称转包，是指承包单位承包建设工程后，不履行合同约定的责任和义务，将其承包的全部建设工程转给他人或者将其承包的全部建设工程肢解以后以分包的名义分别转给其他单位承包的行为。

第七十九条　本条例规定的罚款和没收的违法所得，必须全部上缴国库。

第八十条　抢险救灾及其他临时性房屋建筑和农民自建低层住宅的建设活动，不适用本条例。

第八十一条　军事建设工程的管理，按照中央军事委员会的有关规定执行。

第八十二条　本条例自发布之日起施行。

附录 C　关于企业职工教育经费提取与使用管理的意见

财政部、全国总工会、国家发改委教育部、科技部、国防科工委人事部、劳动保障部、国务院国资委国家税务总局、全国工商联关于印发《关于企业职工教育经费提取与使用管理的意见》的通知

财建〔2006〕317 号

各省、自治区、直辖市财政厅（局）、总工会、劳动和社会保障厅（局）、教育厅（委）、发展改革委、科技厅（局）、人事厅（局）、国防科工委（办）、国资委（经贸委）、国家税务局、地方税务局、工商联：

为深入贯彻全国职业教育工作会议精神，实施科教兴国战略和人才强国战略，落实《国务院关于大力发展职业教育的决定》（国发〔2005〕35 号）和中共中央办公厅、国务院办公厅《印发〈关于进一步加强高技能人才工作的意见〉的通知》（中办发〔2006〕15 号），推动“创建学习型组织，争做知识型职工”活动深入开展，培养和造就一支高素质的职工队伍，更好地为实施“十一五”规划纲要、建设创新型国家、实现全面建设小康社会宏伟目标提供人才保证，有关部门共同制定了《关于企业职工教育培训经费提取与使用管理的意见》，现印发给你们。请结合工作实际，认真组织落实。

附件：关于企业职工教育经费提取与使用管理的意见

财政部
全国总工会
国家发改委
教育部
科技部
国防科工委
人事部
劳动保障部
国务院国资委
国家税务总局
全国工商联
2006 年 6 月 19 日

附件：

关于企业职工教育经费提取与使用管理的意见

为认真落实《中华人民共和国劳动法》《中华人民共和国职业教育法》《国务院关于大力发展职业教育的决定》（国发〔2005〕35 号，以下简称《决定》）、中共中央办公厅、国务院办公厅《印发〈关于进一步加强高技能人才工作的意见〉的通知》（中办发〔2006〕15 号，以下简称《意见》）和全国职业教育工作会议精神，推动“创建学习型组织，争做知识型职工”活动深入持久开展，加速职工队伍的知识化进程，现就企业职工教育培训经费的提取与使用管理，提出以下意见：

一、充分认识企业职工教育培训的重要性

（一）全面提高职工队伍素质，建设一支规模宏大、结构合理、素质较高的职工队伍，是实现“十一五”规划的关键。党的十六届五中全会强调加快推进人才强国战略，加强人力资源能力建设，实施人才培养工程。企业职工教育培训是开发人力资源，提高企业自主创新能力和竞争力的基础工作，是提高职工职业技能和岗位能力，适应经济发展、技术进步不可或缺的重要环节。各类企业要充分认识加强职工教育培训的重要性，承担本企业职工教育培训的组织、实施和管理工作。

（二）企业职工教育培训是我国教育和人才工作的重要组成部分，是实施科教兴国战略、人才强国战略和加强人力资源能力建设的重要途径。加强职工教育培训工作，加快培养创新型人才和专业化高技能人才，带动企业职工整体素质的提高，是企业的重要职责；企业专业技术人员继续教育工作是企业职工教育培训的重要内容，对于提高企业专业技术人员整体素质和创新能力，提高企业的科研技术水平、自主创新能力和核心竞争力，发挥着关键作用。《决定》明确指出大力发展职业教育，加快人力资源开发，是落实科教兴国战略和人才强国战略，推进我国走新型工业化道路、解决“三农”问题、促进就业再就业的重大举措；是全面提高国民素质，把我国巨大人口压力转化为人力资源优势，提升我国综合国力、构建和谐社会的重要途径。各类企业都必须高度重视职工教育培训工作，履行职工教育培训的职责。

（三）提高职工的学习能力、实践能力和创新能力，是落实以人为本的科学发展观，切实维护职工的学习权、发展权的迫切需要。企业要进一步完善各项措施，提供职工参加学习和培训的必要保障，努力造就一支高素质的职工队伍，加速工人阶级知识化进程，为全面建设小康社会提供人才保

证和智力支持。

二、进一步明确企业职工教育培训的内容和要求

（一）企业职工教育培训的主要内容有：政治理论、职业道德教育；岗位专业技术和职业技能培训以及适应性培训；企业经营管理人员和专业技术人员继续教育；企业富余职工转岗转业培训；根据需要对职工进行的各类文化教育和技术技能培训。

（二）企业要强化职工教育和培训，突出创新能力和技能培养，加大高技能人才培养力度，鼓励职工岗位自学成才，切实提高职工技能素质，提升职业竞争力。

三、切实保证企业职工教育培训经费足额提取及合理使用

（一）切实执行《国务院关于大力推进职业教育改革与发展的决定》（国发〔2002〕16 号）中关于“一般企业按照职工工资总额的 1.5%足额提取教育培训经费，从业人员技术要求高、培训任务重、经济效益较好的企业，可按 2.5%提取，列入成本开支”的规定，足额提取职工教育培训经费。要保证经费专项用于职工特别是一线职工的教育和培训，严禁挪作他用。

（二）按照国家统计局《关于工资总额组成的规定》（国家统计局〔1990〕第 1 号令），工资总额由计时工资、计件工资、奖金、津贴和补贴、加班加点工资、特殊情况下支付的工资等六个部分组成。企业应按规定提取职工教育培训经费，并按照计税工资总额和税法规定提取比例的标准在企业所得税税前扣除。当年结余可结转到下一年度继续使用。

（三）企业的职工教育培训经费提取、列支与使用必须严格遵守国家有关财务会计和税收制度的规定。

（四）职工教育培训经费必须专款专用，面向全体职工开展教育培训，特别是要加强各类高技能人才的培养。

（五）企业职工教育培训经费列支范围包括：

1．上岗和转岗培训；

2．各类岗位适应性培训；

3．岗位培训、职业技术等级培训、高技能人才培训；

4．专业技术人员继续教育；

5．特种作业人员培训；

6．企业组织的职工外送培训的经费支出；

7．职工参加的职业技能鉴定、职业资格认证等经费支出；

8．购置教学设备与设施；

9．职工岗位自学成才奖励费用；

10．职工教育培训管理费用；

11．有关职工教育的其他开支。

（六）经单位批准或按国家和省、市规定必须到本单位之外接受培训的职工，与培训有关的费用由职工所在单位按规定承担。

（七）经单位批准参加继续教育以及政府有关部门集中举办的专业技术、岗位培训、职业技术等级培训、高技能人才培训所需经费，可从职工所在企业职工教育培训经费中列支。

（八）为保障企业职工的学习权利和提高他们的基本技能，职工教育培训经费的60%以上应用于企业一线职工的教育和培训。当前和今后一个时期，要将职工教育培训经费的重点投向技能型人才特别是高技能人才的培养以及在岗人员的技术培训和继续学习。

（九）企业职工参加社会上的学历教育以及个人为取得学位而参加的在职教育，所需费用应由个人承担，不能挤占企业的职工教育培训经费。

（十）对于企业高层管理人员的境外培训和考察，其一次性单项支出较高的费用应从其他管理费用中支出，避免挤占日常的职工教育培训经费开支。

（十一）矿山和建筑企业等聘用外来农民工较多的企业，以及在城市化进程中接受农村转移劳动力较多的企业，对农民工和农村转移劳动力培训所需的费用，可从职工教育培训经费中支出。

四、企业职工教育培训经费的补充

（一）企业新建项目，应充分考虑岗位技术技能要求、设备操作难度等因素，按照国家规定的相关标准，在项目投资中列支技术技能培训费用。

（二）企业进行技术改造和项目引进、研究开发新技术、试制新产品，应按相关规定从项目投入中提取职工技术技能培训经费，重点保证专业技术骨干、高技能人才和急需紧缺人才培养的需要。

（三）企业工会年度内按规定留成的工会经费中，应有一定部分用于职工教育与培训，列入工会预算掌握使用。

五、加强职工教育培训经费的管理

（一）建立健全企业职工教育培训经费提取和使用的规章制度，严格按照规定范围和控制额度开支。企业的经营者应确保本企业职工教育经费的提取与使用。

（二）企业职工教育培训主管部门要根据职工教育与培训计划合理安排职工教育培训经费使用，大型企业集团提取的职工教育培训经费可与二级单位（或二级法人单位）划分一定的比例分别管理与使用。

（三）鼓励各企业建立职工个人学习与培训账户制度，采取单位、个人、工会共同向账户注资方法，支持职工个人学习与培训，并建立学习档案，完整记录职工学习与培训的情况。

（四）对自身没有能力开展职工培训，以及未开展高技能人才培训的企业，应按照《意见》要求，由县级以上地方人民政府对其职工教育培训经费实行统筹，由劳动保障等部门统一组织培训服务。

六、完善经费提取与使用的监督

（一）企业工会应当积极组织开展“创建学习型组织，争做知识型职工”活动，切实维护职工的学习权利，督促企业履行对职工的培训义务，并依据已签订的集体合同中有关职工教育培训的条款参与监督企业职工教育培训经费的提取与使用。

（二）企业职工代表大会或职工大会、企业审计等有关部门要分别履行监督企业提取与使用职工教育培训经费的职责。

（三）企业应将职工教育培训经费的提取与使用情况列为厂务公开的内容，向职工代表大会或职工大会报告，定期或不定期进行公开，接受职工代表的质询和全体职工的监督。

（四）各级劳动保障、审计部门要加强对企业职工教育培训经费提取与使用情况的监督，引导企业落实职工培训特别是高技能人才培训任务。

（五）充分发挥公众舆论依照国家有关法律法规实施监督的作用，促进企业按要求承担职工教育与培训义务。

附录D　企业安全生产费用提取和使用管理办法

财政部、安全监管总局关于印发《企业安全生产费用提取和使用管理办法》的通知

财企〔2012〕16号

各省、自治区、直辖市、计划单列市财政厅（局）、安全生产监督管理局，新疆生产建设兵团财务局、安全生产监督管理局，有关中央管理企业：

为了建立企业安全生产投入长效机制，加强安全生产费用管理，保障企业安全生产资金投入，维护企业、职工以及社会公共利益，根据《中华人民共和国安全生产法》等有关法律法规和国务院有关决定，财政部、国家安全生产监督管理总局联合制定了《企业安全生产费用提取和使用管理办法》。现印发给你们，请遵照执行。

附件：企业安全生产费用提取和使用管理办法

财政部

安全监管总局

2012年2月14日

附件：

第一章　总　　则

第一条　为了建立企业安全生产投入长效机制，社会公

共利益，依据《中华人民共和国安全生产法》等有关法律法规和《国务院关于加强安全生产工作的决定》（国发〔2004〕2 号）和《国务院关于进一步加强企业安全生产工作的通知》（国发〔2010〕23 号），制定本办法。

第二条 在中华人民共和国境内直接从事煤炭生产、非煤矿山开采、建设工程施工、危险品生产与储存、交通运输、烟花爆竹生产、冶金、机械制造、武器装备研制生产与试验（含民用航空及核燃料）的企业以及其他经济组织（以下简称企业）适用本办法。

第三条 本办法所称安全生产费用（以下简称安全费用）是指企业按照规定标准提取在成本中列支，专门用于完善和改进企业或者项目安全生产条件的资金。

安全费用按照“企业提取、政府监管、确保需要、规范使用”的原则进行管理。

第四条 本办法下列用语的含义是：

煤炭生产是指煤炭资源开采作业有关活动。

非煤矿山开采是指石油和天然气、煤层气（地面开采）、金属矿、非金属矿及其他矿产资源的勘探作业和生产、选矿、闭坑及尾矿库运行、闭库等有关活动。

建设工程是指土木工程、建筑工程、井巷工程、线路管道和设备安装及装修工程的新建、扩建、改建以及矿山建设。

危险品是指列入国家标准《危险货物品名表》（GB 12268）和《危险化学品目录》的物品。

烟花爆竹是指烟花爆竹制品和用于生产烟花爆竹的民用黑火药、烟火药、引火线等物品。

交通运输包括道路运输、水路运输、铁路运输、管道运输。道路运输是指以机动车为交通工具的旅客和货物运输；水路运输是指以运输船舶为工具的旅客和货物运输及港口装卸、堆存；铁路运输是指以火车为工具的旅客和货物运输

（包括高铁和城际铁路）；管道运输是指以管道为工具的液体和气体物资运输。

冶金是指金属矿物的冶炼以及压延加工有关活动，包括：黑色金属、有色金属、黄金等的冶炼生产和加工处理活动，以及炭素、耐火材料等与主工艺流程配套的辅助工艺环节的生产。

机械制造是指各种动力机械、冶金矿山机械、运输机械、农业机械、工具、仪器、仪表、特种设备、大中型船舶、石油炼化装备及其他机械设备的制造活动。

武器装备研制生产与试验，包括武器装备和弹药的科研、生产、试验、储运、销毁、维修保障等。

第二章　安全费用的提取标准

第五条　煤炭生产企业依据开采的原煤产量按月提取。各类煤矿原煤单位产量安全费用提取标准如下：

（一）煤（岩）与瓦斯（二氧化碳）突出矿井、高瓦斯矿井吨煤30元；

（二）其他井工矿吨煤15元；

（三）露天矿吨煤5元。

矿井瓦斯等级划分按现行《煤矿安全规程》和《矿井瓦斯等级鉴定规范》的规定执行。

第六条　非煤矿山开采企业依据开采的原矿产量按月提取。各类矿山原矿单位产量安全费用提取标准如下：

（一）石油，每吨原油17元；

（二）天然气、煤层气（地面开采），每千立方米原气5元；

（三）金属矿山，其中露天矿山每吨5元，地下矿山每吨10元；

（四）核工业矿山，每吨25元；

（五）非金属矿山，其中露天矿山每吨2元，地下矿山每吨 4 元；

（六）小型露天采石场，即年采剥总量 50 万吨以下，且最大开采高度不超过 50 米，产品用于建筑、铺路的山坡型露天采石场，每吨 1 元；

（七）尾矿库按入库尾矿量计算，三等及三等以上尾矿库每吨 1 元，四等及五等尾矿库每吨 1.5 元。

本办法下发之日以前已经实施闭库的尾矿库，按照已堆存尾砂的有效库容大小提取，库容 100 万立方米以下的，每年提取 5 万元；超过 100 万立方米的，每增加 100 万立方米增加 3 万元，但每年提取额最高不超过 30 万元。

原矿产量不含金属、非金属矿山尾矿库和废石场中用于综合利用的尾砂和低品位矿石。

地质勘探单位安全费用按地质勘查项目或者工程总费用的 2%提取。

第七条 建设工程施工企业以建筑安装工程造价为计提依据。各建设工程类别安全费用提取标准如下：

（一）矿山工程为 2.5%；

（二）房屋建筑工程、水利水电工程、电力工程、铁路工程、城市轨道交通工程为 2.0%；

（三）市政公用工程、冶炼工程、机电安装工程、化工石油工程、港口与航道工程、公路工程、通信工程为 1.5%。

建设工程施工企业提取的安全费用列入工程造价，在竞标时，不得删减，列入标外管理。国家对基本建设投资概算另有规定的，从其规定。

总包单位应当将安全费用按比例直接支付分包单位并监督使用，分包单位不再重复提取。

第八条 危险品生产与储存企业以上年度实际营业收入为计提依据，采取超额累退方式按照以下标准平均逐月提取：

（一）营业收入不超过1000万元的，按照4%提取；

（二）营业收入超过1000万元至1亿元的部分，按照2%提取；

（三）营业收入超过1亿元至10亿元的部分，按照0.5%提取；

（四）营业收入超过10亿元的部分，按照0.2%提取。

第九条 交通运输企业以上年度实际营业收入为计提依据，按照以下标准平均逐月提取：

（一）普通货运业务按照1%提取；

（二）客运业务、管道运输、危险品等特殊货运业务按照1.5%提取。

第十条 冶金企业以上年度实际营业收入为计提依据，采取超额累退方式按照以下标准平均逐月提取：

（一）营业收入不超过1000万元的，按照3%提取；

（二）营业收入超过1000万元至1亿元的部分，按照1.5%提取；

（三）营业收入超过1亿元至10亿元的部分，按照0.5%提取；

（四）营业收入超过10亿元至50亿元的部分，按照0.2%提取；

（五）营业收入超过50亿元至100亿元的部分，按照0.1%提取；

（六）营业收入超过100亿元的部分，按照0.05%提取。

第十一条 机械制造企业以上年度实际营业收入为计提依据，采取超额累退方式按照以下标准平均逐月提取：

（一）营业收入不超过1000万元的，按照2%提取；

（二）营业收入超过1000万元至1亿元的部分，按照1%提取；

（三）营业收入超过1亿元至10亿元的部分，按照0.2%

提取；

（四）营业收入超过10亿元至50亿元的部分，按照0.1%提取；

（五）营业收入超过50亿元的部分，按照0.05%提取。

第十二条 烟花爆竹生产企业以上年度实际营业收入为计提依据，采取超额累退方式按照以下标准平均逐月提取：

（一）营业收入不超过200万元的，按照3.5%提取；

（二）营业收入超过200万元至500万元的部分，按照3%提取；

（三）营业收入超过500万元至1000万元的部分，按照2.5%提取；

（四）营业收入超过1000万元的部分，按照2%提取。

第十三条 武器装备研制生产与试验企业以上年度军品实际营业收入为计提依据，采取超额累退方式按照以下标准平均逐月提取：

（一）火炸药及其制品研制、生产与试验企业（包括：含能材料，炸药、火药、推进剂，发动机，弹箭，引信、火工品等）：

1. 营业收入不超过1000万元的，按照5%提取；

2. 营业收入超过1000万元至1亿元的部分，按照3%提取；

3. 营业收入超过1亿元至10亿元的部分，按照1%提取；

4. 营业收入超过10亿元的部分，按照0.5%提取。

（二）核装备及核燃料研制、生产与试验企业：

1. 营业收入不超过1000万元的，按照3%提取；

2. 营业收入超过1000万元至1亿元的部分，按照2%提取；

3．营业收入超过 1 亿元至 10 亿元的部分，按照 0.5%提取；

4．营业收入超过 10 亿元的部分，按照 0.2%提取。

5．核工程按照 3%提取（以工程造价为计提依据，在竞标时，列为标外管理）。

（三）军用舰船（含修理）研制、生产与试验企业：

1．营业收入不超过 1000 万元的，按照 2.5%提取；

2．营业收入超过 1000 万元至 1 亿元的部分，按照 1.75%提取；

3．营业收入超过 1 亿元至 10 亿元的部分，按照 0.8%提取；

4．营业收入超过 10 亿元的部分，按照 0.4%提取。

（四）飞船、卫星、军用飞机、坦克车辆、火炮、轻武器、大型天线等产品的总体、部分和元器件研制、生产与试验企业：

1．营业收入不超过 1000 万元的，按照 2%提取；

2．营业收入超过 1000 万元至 1 亿元的部分，按照 1.5%提取；

3．营业收入超过 1 亿元至 10 亿元的部分，按照 0.5%提取；

4．营业收入超过 10 亿元至 100 亿元的部分，按照 0.2%提取；

5．营业收入超过 100 亿元的部分，按照 0.1%提取。

（五）其他军用危险品研制、生产与试验企业：

1．营业收入不超过 1000 万元的，按照 4%提取；

2．营业收入超过 1000 万元至 1 亿元的部分，按照 2%提取；

3．营业收入超过 1 亿元至 10 亿元的部分，按照 0.5%提取；

4. 营业收入超过 10 亿元的部分，按照 0.2%提取。

第十四条 中小微型企业和大型企业上年末安全费用结余分别达到本企业上年度营业收入的 5%和 1.5%时，经当地县级以上安全生产监督管理部门、煤矿安全监察机构商财政部门同意，企业本年度可以缓提或者少提安全费用。

企业规模划分标准按照工业和信息化部、国家统计局、国家发展和改革委员会、财政部《关于印发中小企业划型标准规定的通知》（工信部联企业〔2011〕300 号）规定执行。

第十五条 企业在上述标准的基础上，根据安全生产实际需要，可适当提高安全费用提取标准。

本办法公布前，各省级政府已制定下发企业安全费用提取使用办法的，其提取标准如果低于本办法规定的标准，应当按照本办法进行调整；如果高于本办法规定的标准，按照原标准执行。

第十六条 新建企业和投产不足一年的企业以当年实际营业收入为提取依据，按月计提安全费用。

混业经营企业，如能按业务类别分别核算的，则以各业务营业收入为计提依据，按上述标准分别提取安全费用；如不能分别核算的，则以全部业务收入为计提依据，按主营业务计提标准提取安全费用。

第三章 安全费用的使用

第十七条 煤炭生产企业安全费用应当按照以下范围使用：

（一）煤与瓦斯突出及高瓦斯矿井落实“两个四位一体”综合防突措施支出，包括瓦斯区域预抽、保护层开采区域防突措施、开展突出区域和局部预测、实施局部补充防突措施、更新改造防突设备和设施、建立突出防治实验室等支出；

（二）煤矿安全生产改造和重大隐患治理支出，包括“一通三防”（通风，防瓦斯、防煤尘、防灭火）、防治水、供电、运输等系统设备改造和灾害治理工程，实施煤矿机械化改造，实施矿压（冲击地压）、热害、露天矿边坡治理、采空区治理等支出；

（三）完善煤矿井下监测监控、人员定位、紧急避险、压风自救、供水施救和通信联络安全避险“六大系统”支出，应急救援技术装备、设施配置和维护保养支出，事故逃生和紧急避难设施设备的配置和应急演练支出；

（四）开展重大危险源和事故隐患评估、监控和整改支出；

（五）安全生产检查、评价（不包括新建、改建、扩建项目安全评价）、咨询、标准化建设支出；

（六）配备和更新现场作业人员安全防护用品支出；

（七）安全生产宣传、教育、培训支出；

（八）安全生产适用新技术、新工艺、新标准、新装备的推广应用支出；

（九）安全设施及特种设备检测检验支出；

（十）其他与安全生产直接相关的支出。

第十八条 非煤矿山开采企业安全费用应当按照以下范围使用：

（一）完善、改造和维护安全防护设施设备（不含“三同时”要求初期投入的安全设施）和重大安全隐患治理支出，包括矿山综合防尘、防灭火、防治水、危险气体监测、通风系统、支护及防治边帮滑坡设备、机电设备、供配电系统、运输（提升）系统和尾矿库等完善、改造和维护支出以及实施地压监测监控、露天矿边坡治理、采空区治理等支出；

（二）完善非煤矿山监测监控、人员定位、紧急避险、压风自救、供水施救和通信联络等安全避险“六大系统”支出，完善尾矿库全过程在线监控系统和海上石油开采出海人员动态跟踪系统支出，应急救援技术装备、设施配置及维护保养支出，事故逃生和紧急避难设施设备的配置和应急演练支出；

（三）开展重大危险源和事故隐患评估、监控和整改支出；

（四）安全生产检查、评价（不包括新建、改建、扩建项目安全评价）、咨询、标准化建设支出；

（五）配备和更新现场作业人员安全防护用品支出；

（六）安全生产宣传、教育、培训支出；

（七）安全生产适用的新装备、新技术、新工艺、新标准的推广应用支出；

（八）安全设施及特种设备检测检验支出；

（九）尾矿库闭库及闭库后维护费用支出；

（十）地质勘探单位野外应急食品、应急器械、应急药品支出；

（十一）其他与安全生产直接相关的支出。

第十九条 建设工程施工企业安全费用应当按照以下范围使用：

（一）完善、改造和维护安全防护设施设备（不含“三同时”要求初期投入的安全设施）支出，包括施工现场临时用电系统、洞口、临边、机械设备、高处作业防护、交叉作业防护、防火、防爆、防尘、防毒、防雷、防台风、防地质灾害、地下工程有害气体监测、通风、临时安全防护等设施设备支出；

（二）配备、维护、保养应急救援器材、设备支出和应急演练支出；

（三）开展重大危险源和事故隐患评估、监控和整改支出；

（四）安全生产检查、咨询、评价（不包括新建、改建、扩建项目安全评价）和标准化建设支出；

（五）配备和更新现场作业人员安全防护用品支出；

（六）安全生产宣传、教育、培训支出；

（七）安全生产适用的新技术、新装备、新工艺、新标准的推广应用支出；

（八）安全设施及特种设备检测检验支出；

（九）其他与安全生产直接相关的支出。

第二十条 危险品生产与储存企业安全费用应当按照以下范围使用：

（一）完善、改造和维护安全防护设施设备支出（不含“三同时”要求初期投入的安全设施），包括车间、库房、罐区等作业场所的监控、监测、通风、防晒、调温、防火、灭火、防爆、泄压、防毒、消毒、中和、防潮、防雷、防静电、防腐、防渗漏、防护围堤或者隔离操作等设施设备支出；

（二）配备、维护、保养应急救援器材、设备支出和应急演练支出；

（三）开展重大危险源和事故隐患评估、监控和整改支出；

（四）安全生产检查、评价（不包括改建、新建、扩建项目安全评价）、咨询和标准化建设支出；

（五）配备和更新现场作业人员安全防护用品支出；

（六）安全生产宣传、教育、培训支出；

（七）安全生产适用的新工艺、新标准、新技术、新装备的推广应用支出；

（八）安全设施及特种设备检测检验支出；

（九）其他与安全生产直接相关的支出。

第二十一条 交通运输企业安全费用应当按照以下范围使用：

（一）完善改造和维护安全防护设施设备支出（不含“三同时”要求初期投入的安全设施），包括道路、水路、铁路、管道运输设施设备和装卸工具安全状况检测及维护系统、运输设施设备和装卸工具附属安全设备等支出；

（二）购置、安装和使用具有行驶记录功能的车辆卫星定位装置、船舶通信导航定位和自动识别系统、电子海图等支出；

（三）配备、维护、保养应急救援器材、设备支出和应急演练支出；

（四）开展重大危险源和事故隐患评估、监控和整改支出；

（五）安全生产检查、评价（不包括新建、改建、扩建项目安全评价）、咨询及标准化建设支出；

（六）配备和更新现场作业人员安全防护用品支出；

（七）安全生产宣传、教育、培训支出；

（八）安全生产适用的新技术、新标准、新工艺、新装备的推广应用支出；

（九）安全设施及特种设备检测检验支出；

（十）其他与安全生产直接相关的支出。

第二十二条 冶金企业安全费用应当按照以下范围使用：

（一）完善、改造、维护安全防护设施设备支出（不含“三同时”要求初期投入的安全设施），包括车间、站、库房等作业场所的监控、监测、防火、防爆、防坠落、防尘、防毒、防噪声与振动、防辐射和隔离操作等设施设备支出；

（二）配备、维护、保养应急救援器材、设备支出和应急演练支出；

（三）开展重大危险源和事故隐患评估、监控和整改支出；

（四）安全生产检查、评价（不包括新建、改建、扩建项目安全评价）和咨询及标准化建设支出；

（五）安全生产宣传、教育、培训支出；

（六）配备和更新现场作业人员安全防护用品支出；

（七）安全生产适用的新技术、新工艺、新标准、新装备的推广应用支出；

（八）安全设施及特种设备检测检验支出；

（九）其他与安全生产直接相关的支出。

第二十三条 机械制造企业安全费用应当按照以下范围使用：

（一）完善、改造及维护安全防护设施设备支出（不含“三同时”要求初期投入的安全设施），包括生产作业场所的防火、防爆、防坠落、防毒、防静电、防腐、防尘、防噪声与振动、防辐射或者隔离操作等设施设备支出，大型起重机械安装安全监控管理系统支出；

（二）配备、维护、保养应急救援器材、设备支出和应急演练支出；

（三）开展重大危险源和事故隐患评估、监控和整改支出；

（四）安全生产检查、评价（不包括新建、改建、扩建项目安全评价）、标准化建设和咨询支出；

（五）安全生产宣传、教育、培训支出；

（六）配备和更新现场作业人员安全防护用品支出；

（七）安全生产适用的新技术、新标准、新工艺、新装备的推广应用；

（八）安全设施及特种设备检测检验支出；

（九）其他与安全生产直接相关的支出。

第二十四条 烟花爆竹生产企业安全费用应当按照以下范围使用：

（一）完善、改造和维护安全设备设施支出（不含“三同时”要求初期投入的安全设施）；

（二）配备、维护、保养防爆机械电器设备支出；

（三）配备、维护、保养应急救援器材、设备支出和应急演练支出；

（四）开展重大危险源和事故隐患评估、监控和整改支出；

（五）安全生产检查、评价（不包括新建、扩建、改建项目安全评价）、咨询和标准化建设支出；

（六）安全生产宣传、教育、培训支出；

（七）配备和更新现场作业人员安全防护用品支出；

（八）安全生产适用新技术、新标准、新装备、新工艺的推广应用支出；

（九）安全设施及特种设备检测检验支出；

（十）其他与安全生产直接相关的支出。

第二十五条 武器装备研制生产与试验企业安全费用应当按照以下范围使用：

（一）改造、完善和维护安全防护设施设备支出（不含“三同时”要求初期投入的安全设施），包括研究室、车间、库房、储罐区、外场试验区等作业场所的监控、监测、防触电、防坠落、防爆、泄压、防火、灭火、通风、防晒、调温、防毒、防雷、防静电、防腐、防尘、防噪声与振动、防辐射、防护围堤或者隔离操作等设施设备支出；

（二）配备、维护、保养应急救援、应急处置、特种个人防护器材、设备、设施支出和应急演练支出；

（三）开展重大危险源和事故隐患评估、监控和整改支出；

（四）高新技术和特种专用设备安全鉴定评估、安全性能检验检测及操作人员上岗培训支出；

（五）安全生产检查、评价（不包括新建、改建、扩建项目安全评价）、咨询和标准化建设的支出；

（六）安全生产宣传、教育、培训支出；

（七）军工核设施（含核废物）防泄漏、防辐射的设施设备支出；

（八）军工危险化学品、放射性物品及武器装备科研、试验、生产、储运、销毁、维修保障过程中的安全技术措施改造费和安全防护（不包括工作服）费用支出；

（九）大型复杂武器装备制造、安装、调试的特殊工种和特种作业人员培训支出；

（十）武器装备大型试验安全专项论证与安全防护费用支出；

（十一）特殊军工电子元器件制造过程中有毒有害物质监测及特种防护支出；

（十二）安全生产适用新技术、新标准、新工艺、新装备的推广应用支出；

（十三）其他与武器装备安全生产事项直接相关的支出。

第二十六条 在本办法规定的使用范围内，企业应当将安全费用优先用于满足安全生产监督管理部门、煤矿安全监察机构以及行业主管部门对企业安全生产提出的整改措施或者达到安全生产标准所需的支出。

第二十七条 企业提取的安全费用应当专户核算，按规定范围安排使用，不得挤占、挪用。年度结余资金结转下年度使用，当年计提安全费用不足的，超出部分按正常成本费用渠道列支。

主要承担安全管理责任的集团公司经过履行内部决策程序，可以对所属企业提取的安全费用按照一定比例集中管理，统筹使用。

第二十八条 煤炭生产企业和非煤矿山企业已提取维持简单再生产费用的，应当继续提取维持简单再生产费用，但其使用范围不再包含安全生产方面的用途。

第二十九条 矿山企业转产、停产、停业或者解散的，应当将安全费用结余转入矿山闭坑安全保障基金，用于矿山闭坑、尾矿库闭库后可能的危害治理和损失赔偿。

危险品生产与储存企业转产、停产、停业或者解散的，应当将安全费用结余用于处理转产、停产、停业或者解散前的危险品生产或者储存设备、库存产品及生产原料支出。

企业由于产权转让、公司制改建等变更股权结构或者组织形式的，其结余的安全费用应当继续按照本办法管理使用。

企业调整业务、终止经营或者依法清算，其结余的安全费用应当结转本期收益或者清算收益。

第三十条 本办法第二条规定范围以外的企业为达到应当具备的安全生产条件所需的资金投入，按原渠道列支。

第四章 监督管理

第三十一条 企业应当建立健全内部安全费用管理制度，明确安全费用提取和使用的程序、职责及权限，按规定提取和使用安全费用。

第三十二条 企业应当加强安全费用管理，编制年度安全费用提取和使用计划，纳入企业财务预算。企业年度安全费用使用计划和上一年安全费用的提取、使用情况按照管理权限报同级财政部门、安全生产监督管理部门、煤矿安全监察机构和行业主管部门备案。

第三十三条 企业安全费用的会计处理，应当符合国家统一的会计制度的规定。

第三十四条 企业提取的安全费用属于企业自提自用资金，其他单位和部门不得采取收取、代管等形式对其进行集中管理和使用，国家法律、法规另有规定的除外。

第三十五条 各级财政部门、安全生产监督管理部门、煤矿安全监察机构和有关行业主管部门依法对企业安全费用提取、使用和管理进行监督检查。

第三十六条 企业未按本办法提取和使用安全费用的，安全生产监督管理部门、煤矿安全监察机构和行业主管部门会同财政部门责令其限期改正，并依照相关法律法规进行处理、处罚。

建设工程施工总承包单位未向分包单位支付必要的安全费用以及承包单位挪用安全费用的，由建设、交通运输、铁路、水利、安全生产监督管理、煤矿安全监察等主管部门依照相关法规、规章进行处理、处罚。

第三十七条 各省级财政部门、安全生产监督管理部门、煤矿安全监察机构可以结合本地区实际情况，制定具体实施办法，并报财政部、国家安全生产监督管理总局备案。

第五章 附 则

第三十八条 本办法由财政部、国家安全生产监督管理总局负责解释。

第三十九条 实行企业化管理的事业单位参照本办法执行。

第四十条 本办法自公布之日起施行。《关于调整煤炭生产安全费用提取标准加强煤炭生产安全费用使用管理与监督的通知》(财建〔2005〕168 号)、《关于印发〈烟花爆竹生产企业安全费用提取与使用管理办法〉的通知》(财建〔2006〕180 号)和《关于印发〈高危行业企业安全生产费用财务管理暂行办法〉的通知》(财企〔2006〕478 号)同时废止。《关于印发〈煤炭生产安全费用提取和使用管理办法〉和〈关于规范煤矿维简费管理问题的若干规定〉的通知》(财建〔2004〕119 号)等其他有关规定与本办法不一致的，以本办法为准。

附录E 建筑工程安全防护、文明施工措施费用及使用管理规定

关于印发《建筑工程安全防护、文明施工措施费用及使用管理规定》的通知

建办〔2005〕89号

各省、自治区建设厅，直辖市建委，江苏省、山东省建管局，新疆生产建设兵团建设局：

现将《建筑工程安全防护、文明施工措施费用及使用管理规定》印发给你们，请结合本地区实际，认真贯彻执行。贯彻执行中的有关问题和情况及时反馈建设部。

中华人民共和国建设部

二〇〇五年六月七日

建筑工程安全防护、文明施工措施费用及使用管理规定

第一条 为加强建筑工程安全生产、文明施工管理，保障施工从业人员的作业条件和生活环境，防止施工安全事故发生，根据《中华人民共和国安全生产法》《中华人民共和国建筑法》《建设工程安全生产管理条例》《安全生产许可证条例》等法律法规，制定本规定。

第二条 本规定适用于各类新建、扩建、改建的房屋建筑工程（包括与其配套的线路管道和设备安装工程、装饰工程）、市政基础设施工程和拆除工程。

第三条 本规定所称安全防护、文明施工措施费用，是指按照国家现行的建筑施工安全、施工现场环境与卫生标准和有关规定，购置和更新施工安全防护用具及设施、改善安全生产条件和作业环境所需要的费用。安全防护、文明施工措施项目清单详见附表。

建设单位对建筑工程安全防护、文明施工措施有其他要求的，所发生费用一并计入安全防护、文明施工措施费。

第四条 建筑工程安全防护、文明施工措施费用是由《建筑安装工程费用项目组成》（建标〔2003〕206 号）中措施费所含的文明施工费，环境保护费，临时设施费，安全施工费组成。

其中安全施工费由临边、洞口、交叉、高处作业安全防护费，危险性较大工程安全措施费及其他费用组成。危险性较大工程安全措施费及其他费用项目组成由各地建设行政主管部门结合本地区实际自行确定。

第五条 建设单位、设计单位在编制工程概（预）算时，应当依据工程所在地工程造价管理机构测定的相应费率，合理确定工程安全防护、文明施工措施费。

第六条 依法进行工程招投标的项目，招标方或具有资质的中介机构编制招标文件时，应当按照有关规定并结合工程实际单独列出安全防护、文明施工措施项目清单。

投标方应当根据现行标准规范，结合工程特点、工期进度和作业环境要求，在施工组织设计文件中制定相应的安全防护、文明施工措施，并按照招标文件要求结合自身的施工技术水平、管理水平对工程安全防护、文明施工措施项目单独报价。投标方安全防护、文明施工措施的报价，不得低于依据工程所在地工程造价管理机构测定费率计算所需费用总额的 90%。

第七条 建设单位与施工单位应当在施工合同中明确

安全防护、文明施工措施项目总费用，以及费用预付、支付计划，使用要求、调整方式等条款。

建设单位与施工单位在施工合同中对安全防护、文明施工措施费用预付、支付计划未作约定或约定不明的，合同工期在一年以内的，建设单位预付安全防护、文明施工措施项目费用不得低于该费用总额的 50%；合同工期在一年以上的（含一年），预付安全防护、文明施工措施费用不得低于该费用总额的 30%，其余费用应当按照施工进度支付。

实行工程总承包的，总承包单位依法将建筑工程分包给其他单位的，总承包单位与分包单位应当在分包合同中明确安全防护、文明施工措施费用由总承包单位统一管理。安全防护、文明施工措施由分包单位实施的，由分包单位提出专项安全防护措施及施工方案，经总承包单位批准后及时支付所需费用。

第八条 建设单位申请领取建筑工程施工许可证时，应当将施工合同中约定的安全防护、文明施工措施费用支付计划作为保证工程安全的具体措施提交建设行政主管部门。未提交的，建设行政主管部门不予核发施工许可证。

第九条 建设单位应当按照本规定及合同约定及时向施工单位支付安全防护、文明施工措施费，并督促施工企业落实安全防护、文明施工措施。

第十条 工程监理单位应当对施工单位落实安全防护、文明施工措施情况进行现场监理。对施工单位已经落实的安全防护、文明施工措施，总监理工程师或者造价工程师应当及时审查并签认所发生的费用。监理单位发现施工单位未落实施工组织设计及专项施工方案中安全防护和文明施工措施的，有权责令其立即整改；对施工单位拒不整改或未按期限要求完成整改的，工程监理单位应当及时向建设单位和建设行政主管部门报告，必要时责令其暂停施工。

第十一条 施工单位应当确保安全防护、文明施工措施费专款专用，在财务管理中单独列出安全防护、文明施工措施项目费用清单备查。施工单位安全生产管理机构和专职安全生产管理人员负责对建筑工程安全防护、文明施工措施的组织实施进行现场监督检查，并有权向建设主管部门反映情况。

工程总承包单位对建筑工程安全防护、文明施工措施费用的使用负总责。总承包单位应当按照本规定及合同约定及时向分包单位支付安全防护、文明施工措施费用。总承包单位不按本规定和合同约定支付费用，造成分包单位不能及时落实安全防护措施导致发生事故的，由总承包单位负主要责任。

第十二条 建设行政主管部门应当按照现行标准规范对施工现场安全防护、文明施工措施落实情况进行监督检查，并对建设单位支付及施工单位使用安全防护、文明施工措施费用情况进行监督。

第十三条 建设单位未按本规定支付安全防护、文明施工措施费用的，由县级以上建设行政主管部门依据《建设工程安全生产管理条例》第五十四条规定，责令限期整改；逾期未改正的，责令该建设工程停止施工。

第十四条 施工单位挪用安全防护、文明施工措施费用的，由县级以上建设主管部门依据《建设工程安全生产管理条例》第六十三条规定，责令限期整改，处挪用费用20%以上50%以下的罚款；造成损失的，依法承担赔偿责任。

第十五条 建设行政主管部门的工作人员有下列行为之一的，由其所在单位或者上级主管机关给予行政处分；构成犯罪的，依照刑法有关规定追究刑事责任：

（一）对没有提交安全防护、文明施工措施费用支付计划的工程颁发施工许可证的；

（二）发现违法行为不予查处的；

（三）不依法履行监督管理职责的其他行为。

第十六条 建筑工程以外的工程项目安全防护、文明施工措施费用及使用管理可以参照本规定执行。

第十七条 各地可依照本规定，结合本地区实际制定实施细则。

第十八条 本规定由国务院建设行政主管部门负责解释。

第十九条 本规定自 2005 年 9 月 1 日起施行。

附件：

建设工程安全防护、文明施工措施项目清单

类别	项目名称	具体要求
文明施工与环境保护	安全警示标志牌	在易发伤亡事故（或危险）处设置明显的、符合国家标准要求的安全警示标志牌
	现场围挡	（1）现场采用封闭围挡，高度不小于 1.8m； （2）围挡材料可采用彩色、定型钢板，砖、混凝土砌块等墙体
	五板一图	在进门处悬挂工程概况、管理人员名单及监督电话、安全生产、文明施工、消防保卫五板；施工现场总平面图
	企业标志	现场出入的大门应设有本企业标识或企业标识
	场容场貌	（1）道路畅通； （2）排水沟、排水设施通畅； （3）工地地面硬化处理； （4）绿化
	材料堆放	（1）材料、构件、料具等堆放时，悬挂有名称、品种、规格等标牌； （2）水泥和其他易飞扬细颗粒建筑材料应密闭存放或采取覆盖等措施； （3）易燃、易爆和有毒有害物品分类存放
	现场防火	消防器材配置合理，符合消防要求
	垃圾清运	施工现场应设置密闭式垃圾站，施工垃圾、生活垃圾应分类存放。施工垃圾必须采用相应容器或管道运输

（续）

类别	项目名称		具体要求
临时设施	现场办公生活设施		（1）施工现场办公、生活区与作业区分开设置，保持安全距离； （2）工地办公室、现场宿舍、食堂、厕所、饮水、休息场所符合卫生和安全要求
	施工现场临时用电	配电线路	（1）按照 TN-S 系统要求配备五芯电缆、四芯电缆和三芯电缆； （2）按要求架设临时用电线路的电杆、横担、瓷夹、瓷瓶等，或电缆埋地的地沟； （3）对靠近施工现场的外电线路，设置木质、塑料等绝缘体的防护设施
		配电箱开关箱	（1）按三级配电要求，配备总配电箱、分配电箱、开关箱三类标准电箱。开关箱应符合一机、一箱、一闸、一漏。三类电箱中的各类电器应是合格品； （2）按两级保护的要求，选取符合容量要求和质量合格的总配电箱和开关箱中的漏电保护器
		接地保护装置	施工现场保护零钱的重复接地应不少于三处
安全施工	临边洞口交叉高处作业防护	楼板、屋面、阳台等临边防护	用密目式安全立网全封闭，作业层另加两边防护栏杆和 18cm 高的踢脚板
		通道口防护	设防护棚，防护棚应为不小于 5cm 厚的木板或两道相距 50cm 的竹笆。两侧应沿栏杆架用密目式安全网封闭
		预留洞口防护	用木板全封闭；短边超过 1.5m 长的洞口，除封闭外四周还应设有防护栏杆
		电梯井口防护	设置定型化、工具化、标准化的防护门；在电梯井内每隔两层（不大于 10m）设置一道安全平网
		楼梯边防护	设 1.2m 高的定型化、工具化、标准化的防护栏杆，18cm 高的踢脚板
		垂直方向交叉作业防护	设置防护隔离棚或其他设施
		高空作业防护	有悬挂安全带的悬索或其他设施；有操作平台；有上下的梯子或其他形式的通道

（续）

类别	项目名称	具　体　要　求
其他（由各地自定）		

注：本表所列建筑工程安全防护、文明施工措施项目，是依据现行法律法规及标准规范确定。如修订法律法规和标准规范，本表所列项目应按照修订后的法律法规和标准规范进行调整。

附录 F　关于统一地方教育附加政策有关问题的通知

关于统一地方教育附加政策有关问题的通知

财综〔2010〕98 号

各省、自治区、直辖市财政厅（局），新疆生产建设兵团财务局：

为贯彻落实《国家中长期教育改革和发展规划纲要（2010—2020 年）》，进一步规范和拓宽财政性教育经费筹资渠道，支持地方教育事业发展，根据国务院有关工作部署和具体要求，现就统一地方教育附加政策有关事宜通知如下：

一、统一开征地方教育附加。尚未开征地方教育附加的省份，省级财政部门应按照《教育法》的规定，根据本地区实际情况尽快研究制定开征地方教育附加的方案，报省级人民政府同意后，由省级人民政府于 2010 年 12 月 31 日前报财政部审批。

二、统一地方教育附加征收标准。地方教育附加征收标准统一为单位和个人（包括外商投资企业、外国企业及外籍个人）实际缴纳的增值税、营业税和消费税税额的 2%。已经财政部审批且征收标准低于 2%的省份，应将地方教育附加的征收标准调整为 2%，调整征收标准的方案由省级人民政府于 2010 年 12 月 31 日前报财政部审批。

三、各省、自治区、直辖市财政部门要严格按照《教育法》规定和财政部批复意见，采取有效措施，切实加强地方教育附加征收使用管理，确保基金应收尽收，专项用于发展教育事业，不得从地方教育附加中提取或列支征收或代征手续费。

四、凡未经财政部或国务院批准，擅自多征、减征、缓征、停征，或者侵占、截留、挪用地方教育附加的，要依照《财政违法行为处罚处分条例》（国务院令第427号）和《违反行政事业性收费和罚没收入收支两条线管理规定行政处分暂行规定》（国务院令第281号）追究责任人的行政责任；构成犯罪的，依法追究刑事责任。

财政部

2010年11月7日

附录G　电力工程定额与造价工作管理办法

电力工程定额与造价工作管理办法

国能电力〔2013〕501号

第一条　为加强电力工程定额与造价管理工作，规范电力建设市场秩序，合理确定电力工程造价，促进电力工程建设技术进步，提高投资效益，根据《中华人民共和国电力法》及国家有关规定，并结合电力行业实际，制定本办法。

第二条　电力工程定额与造价管理工作，必须贯彻国家有关法律、法规、政策，符合国家基本建设定额体系，遵循科学、公正的原则，维护国家利益和电力建设各方的合法权益。

第三条　本办法适用于火力发电工程、输变电工程和配电网工程的定额与工程造价管理工作。

第四条　电力工程定额与造价管理工作要以项目全寿命周期费用最低为导向，结合电力工程实际情况，逐步完善计价依据和计价规范。

第五条　国家能源局会同国家价格主管部门依法履行全国电力工程定额和造价的行政管理与监督职责，主要负责以下工作：

（一）制定电力工程定额与造价工作管理办法及相关政策；

（二）组织建立电力工程定额与造价管理体系，制定发展规划；

（三）批准电力工程建设预算编制与计算规定；

（四）批准电力建设工程估算指标、概算定额和预算定额；

（五）批准电力建设工程工程量清单计价规范；

（六）监督检查全国电力工程定额与造价工作。

第六条 中国电力企业联合会负责全国电力工程定额和造价的组织工作，电力工程造价与定额管理总站负责日常管理与各项工作的具体实施，主要职责为：

（一）提出电力工程定额与造价管理的具体建议，并制定本办法实施细则；

（二）提出电力工程定额与造价管理体系建设及发展规划的具体建议，并制定年度工作计划；

（三）组织编制并提交电力工程建设预算编制与计算规定；

（四）组织编制并提交电力建设工程估算指标、概算定额和预算定额；

（五）组织编制并提交电力建设工程工程量清单计价规范；

（六）制定和颁发电力工程劳动定额、施工机械台班费用定额、工期定额、装置性材料预算价格、补充定额、定额价目本等；

（七）定期组织收集、测算和发布电力工程人工工日单价，材料、设备、施工机械台班价格信息，测算和发布价格调整系数；

（八）负责对其编制和发布的各种计价依据及管理规定进行解释，并提供培训和教育服务；

（九）负责电力工程造价资质及电力工程建设技经专业人员资格管理工作；

（十）负责电力工程造价软件的鉴定和推广应用工作，并建立和维护工程造价管理数据库；

（十一）协助监督检查电力工程定额与造价管理方面有关规定的执行和落实情况；

（十二）承办国家能源局委托的其他工作。

第七条 其他各级电力工程定额与造价管理机构是电

力工程造价与定额管理总站的分支机构，在业务上接受电力工程造价与定额管理总站的领导，主要职责为：

（一）根据电力工程定额与造价管理有关政策和规定，细化具体落实办法；

（二）收集并提交基础数据和资料，协助电力工程造价与定额管理总站开展计价依据编制和各种管理规定的制定；

（三）定期收集并提供其管理范围内的有关人工、材料、设备和施工机械等价格信息；

（四）协助监督检查电力工程定额与造价管理有关规定的具体执行情况；

（五）完成电力工程造价与定额管理总站交办的其他工作。

第八条 电力工程定额、建设预算编制与计算规定及电力工程量清单计价规范等原则上 5 年修订一次，如遇特殊情况可适当调整。

第九条 电力工程技术经济标准编制管理费在工程概算中列支，由电力定额与造价管理机构同项目单位签订技术服务合同，收取技术服务费。

第十条 本办法由国家能源局负责解释。

第十一条 本办法自颁布之日起施行，原国家经济贸易委员会《关于印发〈电力工程建设定额工作管理暂行办法〉的通知》（国经贸电力〔2001〕712 号）同时废止。

附录H　电力建设工程概预算定额价格水平调整办法

关于颁布《电力建设工程概预算定额价格水平调整办法》的通知

定额〔2014〕13号

国家电网公司、中国南方电网有限责任公司、中国华能集团公司、中国大唐集团公司、中国华电集团公司、中国国电集团公司、中国电力投资集团公司、中国能源建设集团有限公司、中国电力建设集团有限公司及各有关单位：

2013年版《火力发电工程建设预算编制与计算规定》《电网工程建设预算编制与计算规定》及与之配套的《电力建设工程概算定额》和《电力建设工程预算定额》已经颁布实施。为便于定额价格水平的动态调整和计算，如实反映不同时间、不同地区市场价格水平，电力工程造价与定额管理总站（以下简称“定额总站”）制定了《电力建设工程概预算定额价格水平调整办法》（以下简称“本办法”，详细内容见附件），现予颁布实施。

本办法自颁布之日起执行。

附件：2013年版电力建设工程概预算定额价格水平调整办法

电力工程造价与定额管理总站

2014年3月25日

附件

2013年版电力建设工程概预算定额价格水平调整办法

第一章　总　　则

第一条　为规范电力建设工程概预算定额价格水平的测算、发布和实施工作，科学反映不同时间和不同地区价格水平差异，合理确定工程投资，特制订本办法。

第二条　本办法适用于以《火力发电工程建设预算编制与计算规定（2013年版）》《电网工程建设预算编制与计算规定（2013年版）》（以下简称预规）和《电力建设工程概算定额（2013年版）》《电力建设工程预算定额（2013年版）》（以下简称定额）为计价依据，编制电力建设工程概预算时，对定额内人工费、材料费和施工机械费价格水平的调整。

第三条　本办法调整的主要内容包括：工程所在地编制基准期价格与概预算定额价格之间的时间差及地区差水平调整。

第四条　电力建设工程概预算编制基准期价格水平与定额编制价格水平之间的价差计算：发电和电网工程的人工费均以系数的形式进行调整；发电安装工程和电网安装工程的材料及机械费以系数的形式进行调整；发电建筑工程和电网建筑工程按照本办法中给定的典型材料及机械种类、品种及规格等直接进行价差调整。

第二章　人工费调整

第五条　定额人工费每年调整一次，分别按照建筑工程和安装工程，采用综合系数法进行调整（见附件1）。不分工种（普通工、技术工）、安装工程不分专业（热力设备安装工程、电气设备安装工程、输电线路安装工程和调试工程)，计算时按照对应定额基价中人工费总额乘相应的调整系数。

第六条 各地区定额人工费调整系数是参照住房与城乡建设部发布的各地区人工信息价格，或当地定额与造价管理部门公布的本地区定额人工价格，但其组成内容要与电力建设工程预规和定额所规定的组成内容相一致，进行转化后综合取定。

第七条 定额人工费综合调整系数计算公式：

建筑工程定额人工费调整系数=[(转化后当地建筑工程定额人工工日单价/定额普通人工工日单价)×0.79]×100%-1

安装工程定额人工费调整系数=[(转化后当地安装工程定额人工工日单价/定额普通人工工日单价)×0.72]×100%-1

第八条 定额人工费调整金额计算公式：

定额人工费调整金额合计=建筑工程定额人工费调整合计+安装工程定额人工费调整合计

建筑工程定额人工费调整合计=建筑工程定额基价人工费总额×建筑工程定额人工费调整系数

安装工程定额人工费调整合计=安装工程定额基价人工费总额×安装工程定额人工费调整系数

此处安装工程包括热力设备安装工程、电气设备安装工程、输电线路安装工程和调试工程。

第九条 在编制电力工程建设预算时，人工费调整金额汇入“编制基准期价差”，只计取税金，作为建筑安装工程费的组成内容。

第三章 安装工程定额材料、机械费用调整

第十条 安装工程定额内材料、机械费用调整是指对定额中的材料和机械按照不同时间和不同地区，就建设预算编制基准期价格与定额编制价格之间进行水平差调整。

第十一条 安装工程定额内材料与机械费用调整合并称为“材机调整”，主要包括发电安装工程材机调整和电网安装工程材机调整。

第十二条 安装工程材机调整均采用系数法调整。

（一）材机调整系数的计算公式

$$安装工程材机调整系数=\frac{\Sigma(材料市场价格\times消耗量)+\Sigma(机械台班单价\times消耗量)}{\Sigma(定额内材料价格\times消耗量)+\Sigma(定额内机械台班单价\times消耗量)}-100\%$$

（二）安装工程材机调整金额

安装工程材机调整金额＝（定额基价－定额基价中的人工费）×安装工程材机调整系数

第十三条 发电安装工程材机调整按照单机容量1000、600、300、200、135MW级及以下五个等级，分热力系统、燃料供应系统、除灰系统、水处理系统、供水系统、电气系统、热工控制系统、脱硫系统、脱硝系统及附属生产工程分别测定材机调整系数（见附表2）。

第十四条 电网安装工程材机调整分为变电工程材机调整和输电线路材机调整。变电工程和输电线路工程均分1000、750、500、330、220、110kV及以下六个电压等级分别测定材机调整系数（见附表3）。其中电缆安装工程执行相应电压等级的架空输电线路工程的调整系数（电缆建筑工程执行建筑工程相应调整）。

第十五条 相关价格取定原则及方法：材料的市场价格按照各省（自治区、直辖市）当年三季度材料平均价格水平为依据取定。机械台班费单价以《电力建设工程施工机械台班费用定额（2013年版）》为基础，并按照各地规定将车船使用税、年检费、保险费、过路过桥费一并计入机械台班单价中予以调整，对于施工机械的燃料动力费（主要指油、电）

的市场价格与定额取定价格之差，按机械台班单价表中规定的消耗量计入机械台班费用中一并调整。

第十六条 在编制电力工程建设预算时，安装工程材机调整金额汇入“编制基准期价差”，只计取税金，作为建筑安装工程费的组成内容。

第四章 建筑工程定额材料费、机械费用调整

第十七条 建筑工程定额材料费、机械费用调整按照典型材料（见附表4）、机械品种（见附表5）直接调整价差的方式，各工程应根据实际消耗量汇总计算。

（一）价差计算公式

材机价差＝材料价差＋机械价差

材料价差＝市场价格－定额内取定价格

机械价差＝当年本地区（电力）机械台班单价－定额内机械台班单价

（二）调整金额计算

建筑工程材料调整金额＝Σ(典型材料消耗量×材料价差)

建筑工程机械费用调整金额＝Σ(典型机械台班实际消耗量×机械价差)

第十八条 典型材料市场价格和当年本地区（电力）机械台班单价的取定原则：

（一）典型材料市场价格按照工程所在地工程造价部门颁发的信息价或近期同类工程合同（招标）价格为依据取定。

（二）当年本地区机械台班单价按照电力工程造价与定额管理总站发布的“××省（自治区、直辖市）××××年度施工机械价差调整表” 为依据取定。

第十九条 在编制电力工程建设预算时，建筑工程材料费调整和施工机械费调整金额汇入“编制基准期价差”，只计取税金，作为建筑安装工程费的组成内容。

第五章　其　　他

第二十条　2013 年版电力建设工程概预算定额价格水平调整测算工作由电力工程造价与定额管理总站统一组织，各级电力建设定额站负责收集、整理和上报相关数据，经总站测算和平衡后，于每年的 1 月 15 日前发布实施。

第二十一条　本办法由电力工程造价与定额管理总站负责解释。

第二十二条　本办法自颁布之日起执行。

附表 1：电力建设工程人工调整系数表
附表 2：发电安装工程材机调整系数表
附表 3：电网安装工程材机调整系数表
附表 4：建筑工程材料价差调整表
附表 5：建筑工程施工机械价差调整表

电力工程造价与定额管理总站
2014 年 3 月 25 日

附表 1

电力建设工程人工调整系数表

单位：%

省份或地区	建筑工程	安装工程
北京		
天津		
河北南部		

（续）

<table>
<tr><th colspan="2">省份或地区</th><th>建筑工程</th><th>安装工程</th></tr>
<tr><td colspan="2">河北北部</td><td></td><td></td></tr>
<tr><td colspan="2">山西</td><td></td><td></td></tr>
<tr><td colspan="2">山东</td><td></td><td></td></tr>
<tr><td colspan="2">内蒙古东部</td><td></td><td></td></tr>
<tr><td colspan="2">内蒙古西部</td><td></td><td></td></tr>
<tr><td colspan="2">辽宁</td><td></td><td></td></tr>
<tr><td colspan="2">吉林</td><td></td><td></td></tr>
<tr><td colspan="2">黑龙江</td><td></td><td></td></tr>
<tr><td colspan="2">上海</td><td></td><td></td></tr>
<tr><td colspan="2">江苏</td><td></td><td></td></tr>
<tr><td colspan="2">浙江</td><td></td><td></td></tr>
<tr><td colspan="2">安徽</td><td></td><td></td></tr>
<tr><td colspan="2">福建</td><td></td><td></td></tr>
<tr><td colspan="2">河南</td><td></td><td></td></tr>
<tr><td colspan="2">湖北</td><td></td><td></td></tr>
<tr><td colspan="2">湖南</td><td></td><td></td></tr>
<tr><td colspan="2">江西</td><td></td><td></td></tr>
<tr><td colspan="2">四川</td><td></td><td></td></tr>
<tr><td colspan="2">重庆</td><td></td><td></td></tr>
<tr><td colspan="2">陕西</td><td></td><td></td></tr>
<tr><td colspan="2">甘肃</td><td></td><td></td></tr>
<tr><td colspan="2">宁夏</td><td></td><td></td></tr>
<tr><td colspan="2">青海</td><td></td><td></td></tr>
<tr><td colspan="2">新疆</td><td></td><td></td></tr>
<tr><td rowspan="3">广东</td><td>广州、深圳</td><td></td><td></td></tr>
<tr><td>佛山、珠海、江门、东莞、中山、惠州、汕头</td><td></td><td></td></tr>
<tr><td>广东其他地区</td><td></td><td></td></tr>
<tr><td colspan="2">广西</td><td></td><td></td></tr>
<tr><td colspan="2">云南</td><td></td><td></td></tr>
<tr><td colspan="2">贵州</td><td></td><td></td></tr>
<tr><td colspan="2">海南</td><td></td><td></td></tr>
</table>

附表 2

发电安装工程材机调整系数表

单位：%

地区	项目名称	机组容量						
		135MW	200MW	300MW		600MW		1000MW
				空冷	湿冷	空冷	湿冷	
北京	热力系统							
	燃料供应系统							
	除灰系统							
	水处理系统							
	供水系统							
	电气系统							
	热工控制系统							
	脱硫系统							
	脱硝系统							
	附属生产工程							
……	热力系统							
	燃料供应系统							
	除灰系统							
	……							

附表 3

电网安装工程材机调整系数表

单位：%

省份和地区	工程类别	110kV 及以下	220kV	330kV	500kV	750kV	1000kV
北京	变电工程						
	输电工程						

（续）

省份和地区	工程类别	110kV及以下	220kV	330kV	500kV	750kV	1000kV
天津	变电工程						
	输电工程						
河北南部	变电工程						
	输电工程						
河北北部	变电工程						
	输电工程						
山西	变电工程						
	输电工程						
山东	变电工程						
	输电工程						
……	变电工程						
	输电工程						

附表4

建筑工程材料价差调整表

序号	材机编号	材机名称	单位	定额单价（元）	实际单价（元）	价差（元）
1	**圆钢**					
1.1	C01020700	圆钢 综合	kg	4.000		
1.2	C01020711	圆钢 $\phi 6$ 以内	kg	4.280		
1.3	C01020712	圆钢 $\phi 10$ 以内	kg	4.100		
1.4	C01020713	圆钢 $\phi 10$ 以外	kg	4.100		
1.5	C01020714	圆钢 $\phi 21$～50	kg	3.950		

（续）

序号	材机编号	材机名称	单位	定额单价（元）	实际单价（元）	价差（元）
1.6	C01020901	镀锌圆钢 $\phi8$ 以内	kg	5.100		
1.7	C01020903	镀锌圆钢 $\phi16$	kg	5.100		
2		**中厚钢板**				
2.1	C01030203	中厚钢板 6～12	kg	4.400		
2.2	C01030204	中厚钢板 12～20	kg	4.400		
2.3	C01030205	中厚钢板 20～30	kg	4.400		
3		**压型钢板**				
3.1	C01031101	压型钢板 0.8	kg	7.000		
3.2	C01031102	压型钢板 1.2	kg	6.500		
3.3	C01031202	复合压型钢板 1.2	kg	6.500		
4		**其他钢板**				
4.1	C01030000	钢板 综合	kg	4.300		
4.2	C01030101	薄钢板 1.0 以下	kg	4.600		
4.3	C01030102	薄钢板 1.5 以下	kg	4.660		
4.4	C01030104	薄钢板 2.5 以下	kg	4.300		
4.5	C01030105	薄钢板 4 以下	kg	4.200		
4.6	C01030301	镀锌钢板 0.5 以下	kg	5.600		
4.7	C01030302	镀锌钢板 1.0 以下	kg	5.600		
4.8	C01030303	镀锌钢板 1.5 以下	kg	5.600		
4.9	C01030304	镀锌钢板 2.5 以下	kg	5.600		
4.10	C01030305	镀锌钢板 5 以下	kg	5.400		
4.11	C01030306	镀锌钢板 6 以下	kg	5.400		
4.12	C01030601	合金钢板 10CrMo910 30～50	kg	13.800		
4.13	C01030701	耐候钢板 12mm	kg	6.000		

（续）

序号	材机编号	材机名称	单位	定额单价（元）	实际单价（元）	价差（元）
4.14	C01030801	不锈钢板 1.0	kg	22.000		
4.15	C01030802	不锈钢板 1.2	kg	22.000		
4.16	C01030811	不锈钢板 8 以下	kg	19.600		
4.17	C01030812	不锈钢板 9 以上	kg	19.600		
4.18	C01031000	花纹钢板 综合	kg	4.450		
5		**型钢**				
5.1	C01020000	型钢 综合	kg	4.300		
5.2	C01020100	工字钢 综合	kg	4.200		
5.3	C01020115	工字钢 16 号以下	kg	4.200		
5.4	C01020150	H 型钢 综合	kg	4.900		
5.5	C01020200	槽钢 综合	kg	4.100		
5.6	C01020212	槽钢 10 号以下	kg	4.100		
5.7	C01020216	槽钢 16 号以下	kg	4.100		
5.8	C01020218	槽钢 20 号	kg	4.100		
5.9	C01020300	角钢 综合	kg	4.000		
5.10	C01020301	等边角钢 边长 30 以下	kg	4.000		
5.11	C01020302	等边角钢 边长 50 以下	kg	4.000		
5.12	C01020303	等边角钢 边长 63 以下	kg	4.000		
5.13	C01020310	镀锌角钢 综合	kg	5.000		
5.14	C01020500	扁钢 综合	kg	4.050		
5.15	C01020501	扁钢 3～5×50 以下	kg	3.750		
5.16	C01020502	扁钢 6～8×75 以下	kg	3.750		
5.17	C01020521	镀锌扁钢 综合	kg	5.200		
5.18	C01020531	不锈钢扁钢 60 以下	kg	22.000		
5.19	C01020600	方钢 综合	kg	3.900		

（续）

序号	材机编号	材机名称	单位	定额单价（元）	实际单价（元）	价差（元）
5.20	C01020702	铁件型钢	kg	3.200		
5.21	C01021600	工具钢 综合	kg	5.500		
6	**成品钢结构**					
6.1	C01020121	钢管柱（成品）	t	6810.000		
6.2	C01020122	型钢柱（成品）	t	6800.000		
6.3	C01020123	钢管支架（成品）	t	6800.000		
6.4	C01020124	钢架（成品）	t	6160.000		
6.5	C01020125	钢梁（成品）	t	6520.000		
6.6	C01020126	钢吊车梁（成品）	t	6720.000		
6.7	C01020127	单轨钢吊车梁（成品）	t	6720.000		
6.8	C01020128	钢檩条（成品）	t	5280.000		
6.9	C01020129	轻型屋架（成品）	t	5760.000		
6.10	C01020131	型钢支架（成品）	t	6800.000		
6.11	C01020132	钢屋架（成品）	t	6410.000		
6.12	C01020133	钢桁架（成品）	t	6530.000		
6.13	C01020134	钢支撑（成品）	t	5560.000		
6.14	C01020135	钢墙架（成品）	t	6160.000		
6.15	C01020136	钢煤斗（成品）	t	6530.000		
6.16	C01020137	钢煤箅子（成品）	t	6080.000		
6.17	C01020138	钢油箅子（成品）	t	6080.000		
6.18	C01020139	钢平台（成品）	t	6700.000		
6.19	C01020140	钢格栅板（成品）	t	6610.000		
6.20	C01020141	钢梯（成品）	t	6030.000		
6.21	C01020142	钢栏杆（成品）	t	6030.000		
6.22	C01020143	零星钢构件（成品）	t	6610.000		

（续）

序号	材机编号	材机名称	单位	定额单价（元）	实际单价（元）	价差（元）
6.23	C01020144	直型钢轨（成品）	t	5140.000		
6.24	C01020145	弧型钢轨（成品）	t	5640.000		
6.25	C01020146	型钢构架（成品）	t	6800.000		
6.26	C01020147	格构式钢管构架（成品）	t	6800.000		
6.27	C01020148	构支架附件（成品）	t	6500.000		
6.28	C01020149	避雷针塔（成品）	t	6540.000		
7		**铁件**				
7.1	C07010501	预埋铁件 综合	kg	5.200		
7.2	C07010502	加工铁件 综合	kg	5.800		
7.3	C07010504	锚杆铁件	kg	5.500		
7.4	C16110501	镀锌铁件	kg	6.480		
8		**钢管**				
8.1	C02000000	无缝钢管 10-20 号 综合	kg	5.400		
8.2	C02010103	无缝钢管 10-20 号 ϕ28 以下	kg	5.700		
8.3	C02010106	无缝钢管 10-20 号 ϕ57 以下	kg	5.700		
8.4	C02010107	无缝钢管 10-20 号 ϕ89 以下	kg	5.800		
8.5	C02010108	无缝钢管 10-20 号 ϕ108 以下	kg	5.400		
8.6	C02010109	无缝钢管 10-20 号 ϕ159 以下	kg	5.400		
8.7	C02010110	无缝钢管 10-20 号 ϕ219 以下	kg	5.800		
8.8	C02010111	无缝钢管 10-20 号 ϕ273 以下	kg	5.900		

（续）

序号	材机编号	材机名称	单位	定额单价（元）	实际单价（元）	价差（元）
8.9	C02010112	无缝钢管 10-20 号 φ325 以下	kg	6.100		
8.10	C02010113	无缝钢管 10-20 号 φ377 以下	kg	6.100		
8.11	C02010114	无缝钢管 10-20 号 φ426 以下	kg	5.700		
8.12	C02010115	无缝钢管 10-20 号 φ530 以下	kg	5.700		
8.13	C02020100	合金钢管 10CrMo910 综合	kg	12.100		
8.14	C02020200	合金钢管 30CrMoA 综合	kg	21.200		
8.15	C02030100	不锈钢管 φ20×1.5	m	20.000		
8.16	C02030101	不锈钢管 φ25×1.5	m	24.000		
8.17	C02030102	不锈钢管 φ32×1.5	m	30.200		
8.18	C02030103	不锈钢管 φ89×2.5	m	146.000		
8.19	C02030104	不锈钢管 φ45×2.5	kg	18.600		
8.20	C02030105	不锈钢管 φ60×2	kg	19.000		
8.21	C02030106	不锈钢管 φ32×1.5	kg	25.000		
8.22	C02030200	不锈钢管 DN45	m	158.000		
8.23	C02030201	不锈钢管 DN50	m	94.300		
8.24	C02030202	不锈钢管 DN80	m	201.000		
8.25	C02030203	不锈钢管 DN100	m	283.000		
8.26	C02030204	不锈钢管 DN150	m	509.000		
8.27	C02040100	焊接钢管 综合	kg	4.700		
8.28	C02040111	焊接钢管 DN20 以下	kg	4.700		
8.29	C02040112	焊接钢管 DN25	kg	4.700		

（续）

序号	材机编号	材机名称	单位	定额单价（元）	实际单价（元）	价差（元）
8.30	C02040113	焊接钢管 DN32	kg	4.700		
8.31	C02040114	焊接钢管 DN40	kg	4.700		
8.32	C02040115	焊接钢管 DN50	kg	4.700		
8.33	C02040116	焊接钢管 DN65	kg	4.700		
8.34	C02040117	焊接钢管 DN80	kg	4.700		
8.35	C02040118	焊接钢管 DN100	kg	4.700		
8.36	C02040119	焊接钢管 DN125	kg	4.700		
8.37	C02040120	焊接钢管 DN150	kg	4.700		
8.38	C02040121	焊接钢管 DN200	kg	4.700		
8.39	C02040122	焊接钢管 DN250	kg	4.700		
8.40	C02040123	焊接钢管 DN300	kg	4.700		
8.41	C02040124	焊接钢管 DN350	kg	4.700		
8.42	C02040125	焊接钢管 DN400	kg	4.700		
8.43	C02040201	镀锌钢管 DN20 以下	kg	5.200		
8.44	C02040202	镀锌钢管 DN25	kg	5.200		
8.45	C02040203	镀锌钢管 DN32	kg	5.200		
8.46	C02040204	镀锌钢管 DN40	kg	5.200		
8.47	C02040205	镀锌钢管 DN50	kg	5.200		
8.48	C02040206	镀锌钢管 DN65	kg	5.200		
8.49	C02040207	镀锌钢管 DN80	kg	5.200		
8.50	C02040208	镀锌钢管 DN100	kg	5.200		
8.51	C02040211	镀锌钢管 DN150	kg	5.200		
8.52	C02040213	镀锌钢管 DN200	kg	5.200		
9	**普通硅酸盐水泥**					
9.1	C09010101	普通硅酸盐水泥 32.5	t	320.000		

（续）

序号	材机编号	材机名称	单位	定额单价（元）	实际单价（元）	价差（元）
9.2	C09010102	普通硅酸盐水泥　42.5	t	385.000		
9.3	C09010103	普通硅酸盐水泥　52.5	t	420.000		
10	**方材**					
10.1	C08020101	方材　红白松　一等	m^3	1760.000		
10.2	C08020102	方材　红白松　二等	m^3	1580.000		
10.3	C08030503	小木方材　≤$54cm^2$	m^3	1580.000		
11	**板材**					
11.1	C08020201	板材　红白松　一等	m^3	1760.000		
11.2	C08020202	板材　红白松　二等	m^3	1580.000		
12	**桩**					
12.1	C09050101	预制钢筋混凝土方桩	m^3	1060.000		
12.2	C09050103	预制钢筋混凝土管桩	m^3	1250.000		
12.3	C22010601	钢板桩	kg	5.800		
12.4	C22010611	钢管桩	kg	5.800		
13	**砌块**					
13.1	C09050503	加气混凝土块 600×240×150	块	4.800		
13.2	C09050501	混凝土预制块 250×250×55	块	2.000		
13.3	C09050502	泡沫混凝土块	m^3	230.000		
13.4	C09050522	硅酸盐砌块　280×430×240	块	6.650		
13.5	C09050523	硅酸盐砌块　430×430×240	块	10.200		
13.6	C09050524	硅酸盐砌块　580×430×240	块	13.800		

（续）

序号	材机编号	材机名称	单位	定额单价（元）	实际单价（元）	价差（元）
13.7	C09050525	硅酸盐砌块 880×430×240	块	20.900		
14	**模板**					
14.1	C22010401	通用钢模板	kg	4.850		
14.2	C22010422	专用钢模板烟囱用	kg	4.920		
14.3	C22010423	专用钢模板冷却塔用	kg	4.920		
14.4	C22010425	专用钢模板空冷柱用	kg	4.920		
14.5	C22010431	复合木模板	m^2	38.300		
14.6	C22010432	木模板	m^3	1580.000		
15	**钢筋混凝土管**					
15.1	C09050321	钢筋混凝土管 ϕ200	m	32.200		
15.2	C09050322	钢筋混凝土管 ϕ300	m	52.600		
15.3	C09050323	钢筋混凝土管 ϕ400	m	70.500		
15.4	C09050324	钢筋混凝土管 ϕ500	m	109.000		
15.5	C09050325	钢筋混凝土管 ϕ600	m	145.000		
15.6	C09050326	钢筋混凝土管 ϕ700	m	173.000		
15.7	C09050327	钢筋混凝土管 ϕ800	m	236.000		
15.8	C09050328	钢筋混凝土管 ϕ900	m	290.000		
15.9	C09050329	钢筋混凝土管 ϕ1000	m	311.000		
15.10	C09050330	钢筋混凝土管 ϕ1100	m	444.000		
15.11	C09050331	钢筋混凝土管 ϕ1200	m	575.000		
15.12	C09050332	钢筋混凝土管 ϕ1400	m	782.000		
15.13	C09050333	钢筋混凝土管 ϕ1500	m	995.000		
15.14	C09050334	钢筋混凝土管 ϕ1600	m	1150.000		
15.15	C09050335	钢筋混凝土管 ϕ1800	m	1328.000		

（续）

序号	材机编号	材机名称	单位	定额单价（元）	实际单价（元）	价差（元）
15.16	C09050336	钢筋混凝土管 φ2000	m	1725.000		
15.17	C09050337	钢筋混凝土管 φ2200	m	2875.000		
15.18	C09050338	钢筋混凝土管 φ2400	m	3389.000		
15.19	C09050339	钢筋混凝土管 φ2600	m	3816.000		
15.20	C09050340	钢筋混凝土管 φ2800	m	4254.000		
15.21	C09050341	钢筋混凝土管 φ3000	m	5530.000		
15.22	C09050342	钢筋混凝土管 φ3200	m	6086.000		
15.23	C09050343	钢筋混凝土管 φ3400	m	7050.000		
15.24	C09050344	钢筋混凝土管 φ3600	m	7890.000		
15.25	C09050345	钢筋混凝土管 φ3800	m	8241.000		
16	**钢套筒混凝土管**					
16.1	C09050701	钢套筒混凝土管 φ500	m	570.000		
16.2	C09050702	钢套筒混凝土管 φ600	m	650.000		
16.3	C09050703	钢套筒混凝土管 φ700	m	725.000		
16.4	C09050704	钢套筒混凝土管 φ800	m	850.000		
16.5	C09050705	钢套筒混凝土管 φ900	m	948.000		
16.6	C09050706	钢套筒混凝土管 φ1000	m	1130.000		
16.7	C09050707	钢套筒混凝土管 φ1200	m	1380.000		
16.8	C09050708	钢套筒混凝土管 φ1400	m	1550.000		
16.9	C09050709	钢套筒混凝土管 φ1500	m	1680.000		
16.10	C09050710	钢套筒混凝土管 φ1600	m	2120.000		
16.11	C09050711	钢套筒混凝土管 φ1800	m	2450.000		
16.12	C09050712	钢套筒混凝土管 φ2000	m	2830.000		
16.13	C09050713	钢套筒混凝土管 φ2200	m	3230.000		

（续）

序号	材机编号	材机名称	单位	定额单价（元）	实际单价（元）	价差（元）
16.14	C09050714	钢套筒混凝土管 ϕ2400	m	3640.000		
16.15	C09050715	钢套筒混凝土管 ϕ2600	m	5050.000		
16.16	C09050716	钢套筒混凝土管 ϕ2800	m	6050.000		
16.17	C09050717	钢套筒混凝土管 ϕ3000	m	6400.000		
16.18	C09050718	钢套筒混凝土管 ϕ3200	m	7000.000		
16.19	C09050719	钢套筒混凝土管 ϕ3400	m	7700.000		
16.20	C09050720	钢套筒混凝土管 ϕ3600	m	8500.000		
16.21	C09050721	钢套筒混凝土管 ϕ3800	m	8780.000		
16.22	C09050722	钢套筒混凝土管 ϕ4000	m	8960.000		
17	**碎石**					
17.1	C10020101	碎石 10	m^3	60.600		
17.2	C10020102	碎石 20	m^3	60.600		
17.3	C10020103	碎石 40	m^3	60.600		
18	**毛石**					
18.1	C10020301	毛石 70～190	m^3	62.300		
18.2	C10020321	毛石细料石	m^3	135.000		
18.3	C10020322	毛石粗料石	m^3	96.000		
18.4	C10020323	毛石方整石	m^3	168.000		
18.5	C10020401	块石	m^3	76.000		
19	**面砖**					
19.1	C11020123	外墙面砖	m^2	57.500		
19.2	C11020212	内墙面砖	m^2	45.000		
19.3	C11020201	彩釉砖 300×300	m^2	40.300		
19.4	C11020211	瓷质抛光砖 600×600	m^2	80.500		
19.5	C11020131	麻面仿石砖 200×75	m^2	72.500		

（续）

序号	材机编号	材机名称	单位	定额单价（元）	实际单价（元）	价差（元）
19.6	C11021101	瓷质耐磨地砖 500×500	m^2	104.000		
19.7	C11021102	瓷质耐磨地砖 300×300	m^2	69.000		
19.8	C11020301	耐酸瓷板 150×150×20	m^2	113.000		
19.9	C11020302	耐酸瓷砖 230×113×133	m^2	198.000		
19.10	C11020303	耐酸瓷砖 230×113×65	m^2	153.000		
20		门				
20.1	C11050201	不锈钢电动伸缩门 0.9m	m	860.000		
20.2	C110505202	成品木门	m^2	200.000		
20.3	C110505203	成品普通纱门	m^2	95.000		
20.4	C110505204	成品钢木大门（两面板）	m^2	180.000		
20.5	C110505205	成品钢木大门（防寒两面板）	m^2	210.000		
20.6	C110505206	成品保温隔音门	m^2	260.000		
20.7	C110505207	成品全钢板门	m^2	125.000		
20.8	C110505208	成品钢板玻璃门	m^2	105.000		
20.9	C110505209	成品平开防盗门	m^2	305.000		
20.10	C110505210	成品半截百页钢板门	m^2	155.000		
20.11	C110505211	成品防射线门	m^2	305.000		
20.12	C110505212	成品防火门	m^2	485.000		
20.13	C110505213	成品铝合金门	m^2	255.000		
20.14	C110505214	成品铝合金纱门	m^2	110.000		
20.15	C110505215	成品单扇全玻地弹门	m^2	280.000		
20.16	C110505216	成品双扇全玻地弹门	m^2	280.000		
20.17	C110505217	成品塑钢门（单层玻璃）	m^2	240.000		

（续）

序号	材机编号	材机名称	单位	定额单价（元）	实际单价（元）	价差（元）
20.18	C110505218	成品塑钢门（双层玻璃）	m^2	265.000		
20.19	C110505219	成品不锈钢双扇全玻地弹门	m^2	580.000		
20.20	C110505220	成品门电子感应门	m^2	465.000		
20.21	C11050601	卷闸镀锌薄钢板门	m^2	150.000		
20.22	C11050602	卷闸铝合金门	m^2	210.000		
20.23	C01021903	钢管框铁丝网大门	m^2	80.000		
20.24	C11051501	屏蔽门	m^2	420.000		
20.25	C11060121	门锁单向	把	24.000		
20.26	C11060122	门锁双向	把	32.000		
20.27	C11060401	普通拉手	个	5.000		
20.28	C11060411	拉手 30 以内	对	16.000		
20.29	C11060412	拉手 30 以外	对	24.000		
20.30	C11060501	地弹簧	个	205.000		
20.31	C25030121	门铃	台	30.000		
21		**窗**				
21.1	C11051108	成品铝合金固定窗	m^2	220.000		
21.2	C11051109	成品铝合金推拉窗	m^2	240.000		
21.3	C11051110	成品铝合金平开窗	m^2	240.000		
21.4	C11051111	成品铝合金纱窗	m^2	100.000		
21.5	C11051112	成品固定铝合金百叶窗	m^2	315.000		
21.6	C11051113	成品塑钢窗（单层玻璃）	m^2	220.000		
21.7	C11051114	成品塑钢窗（双层玻璃）	m^2	245.000		
21.8	C11051115	成品不锈钢固定玻璃窗	m^2	510.000		
21.9	C11051502	屏蔽窗	m^2	360.000		

（续）

序号	材机编号	材机名称	单位	定额单价（元）	实际单价（元）	价差（元）
21.10	C11051101	成品木窗	m^2	320.000		
21.11	C11051102	成品无框木窗	m^2	285.000		
21.12	C11051103	成品纱窗	m^2	110.000		
21.13	C11051104	成品单层钢窗	m^2	180.000		
21.14	C11051105	成品钢纱窗	m^2	105.000		
21.15	C11051106	成品窗防护格栅（钢）	m^2	100.000		
21.16	C11051107	成品窗防护格栅（不锈钢）	m^2	315.000		
22	**涂料**					
22.1	C11090102	涂料 MC	kg	10.300		
22.2	C11090105	防腐防渗涂料	kg	12.100		
22.3	C11090107	丙烯酸彩砂涂料	kg	5.300		
22.4	C11090201	黏结剂 107 胶	kg	1.800		
22.5	C11090202	黏结剂 XY401 胶	kg	8.500		
22.6	C11090203	黏结剂乳胶	kg	5.000		
22.7	C11090204	黏结剂骨胶	kg	8.000		
22.8	C11090206	干粉型黏合剂	kg	1.780		
22.9	C11090207	903 胶	kg	7.100		
22.10	C11090400	水泥自流坪混合料	kg	1.300		
22.11	C17040101	防火涂料	kg	12.500		
22.12	C20050404	钢结构厚型防火涂料	kg	12.000		
22.13	C20050403	钢结构薄型防火涂料	kg	25.000		
23	**电焊条**					
23.1	C12010100	电焊条　J422　综合	kg	5.400		
23.2	C12010200	电焊条　J507　综合	kg	6.000		

（续）

序号	材机编号	材机名称	单位	定额单价（元）	实际单价（元）	价差（元）
23.3	C12011800	不锈钢电焊条　综合	kg	42.000		
24	**橡胶卷材**					
24.1	C18010401	橡胶卷材三元乙丙橡胶 1mm	m^2	23.000		
24.2	C18010402	橡胶卷材氯化聚乙烯橡胶 1mm	m^2	18.000		
24.3	C18010403	橡胶卷材氯丁橡胶 1mm	m^2	16.000		
24.4	C18010404	橡胶卷材再生橡胶 1mm	m^2	16.000		
25	**石油沥青**					
25.1	C10080101	石油沥青 10 号	kg	3.000		
25.2	C10080102	石油沥青 30 号	kg	3.200		
25.3	C10080201	石油沥青马蹄脂	m^3	3663.110		
26	**油漆**					
26.1	C20010101	防锈漆	kg	10.000		
26.2	C20010201	醇酸防锈漆	kg	14.000		
26.3	C20010202	酚醛耐酸漆	kg	13.900		
26.4	C20010301	酚醛防锈漆 F53 各色	kg	9.350		
26.5	C20010501	环氧底漆	kg	15.900		
26.6	C20010601	水性无机富锌底漆	kg	16.000		
26.7	C20010701	玻化砖底漆	kg	55.000		
26.8	C20020201	醇酸磁漆	kg	14.400		
26.9	C20030101	普通调和漆	kg	12.000		
26.10	C20030301	酚醛调和漆	kg	12.000		
26.11	C20030402	无光调和漆脂胶漆	kg	11.000		
26.12	C20030501	厚漆	kg	10.000		

（续）

序号	材机编号	材机名称	单位	定额单价（元）	实际单价（元）	价差（元）
26.13	C20030701	银粉漆	kg	30.500		
26.14	C20040101	普通清漆	kg	9.800		
26.15	C20040201	酚醛清漆	kg	12.100		
26.16	C20040401	树脂清漆地板漆	kg	8.280		
26.17	C20050101	耐酸漆	kg	17.000		
26.18	C20050301	航标漆	kg	20.000		
26.19	C20050401	防火漆	kg	17.200		
26.20	C20050402	耐高温防腐漆	kg	80.000		
26.21	C20050601	漆片 甲级	kg	12.100		
26.22	C20050701	氟碳漆	kg	108.200		
26.23	C20060301	环氧树脂自流平底漆	kg	13.600		
26.24	C20060302	环氧树脂自流平面漆	kg	20.500		
26.25	C20060303	环氧树脂自流平中漆	kg	16.500		
26.26	C20060801	聚氨酯漆	kg	16.900		
26.27	C20070101	沥青清漆	kg	7.500		
26.28	C20070201	环氧沥青漆	kg	13.800		
26.29	C20070301	煤焦油沥青漆	kg	7.150		
26.30	C20070401	环氧煤沥青漆	kg	14.600		
26.31	C20070501	氯丁橡胶沥青漆	kg	7.060		
26.32	C20070621	绝缘清漆	kg	10.000		
26.33	C20070701	过氯乙烯漆（综合）	kg	12.800		
26.34	C20070901	环氧富锌漆	kg	25.300		
26.35	C20070902	环氧云铁漆	kg	21.200		
26.36	C20071201	耐酸防腐漆	kg	50.000		
26.37	C22010501	模板漆 BT-20	kg	19.000		

（续）

序号	材机编号	材机名称	单位	定额单价（元）	实际单价（元）	价差（元）
26.38	C11090106	乳胶漆	kg	4.500		
27		**环氧树脂**				
27.1	C20060201	环氧树脂 E44	kg	30.000		
27.2	C20060202	环氧树脂 6101 号	kg	21.000		
28		**花岗岩**				
28.1	C10030201	花岗岩板 20	m^2	240.000		
28.2	C10030202	花岗岩板 30	m^2	250.000		
28.3	C10030101	大理石板 500×500×20	m^2	230.000		
29		**灯**				
29.1	C16060108	成套灯具 投光灯	套	510.000		
29.2	C16060104	成套灯具 防潮灯	套	80.000		
29.3	C16060105	成套灯具 腰形船顶灯	套	90.000		
29.4	C16060106	成套灯具 碘钨灯	套	110.000		
29.5	C16060107	成套灯具 管形氙气灯	套	110.000		
29.6	C16060161	普通灯具半圆球吸顶灯 DN250	套	80.000		
29.7	C16060162	普通灯具半圆球吸顶灯 DN300	套	85.000		
29.8	C16060163	普通灯具半圆球吸顶灯 DN350	套	98.000		
29.9	C16060165	普通灯具 软线吊灯	套	15.000		
29.10	C16060166	普通灯具 吊链灯	套	25.000		
29.11	C16060167	普通灯具 防水吊灯	套	45.000		
29.12	C16060168	普通灯具 一般壁灯	套	40.000		
29.13	C16060169	普通灯具、座灯头	套	10.000		
29.14	C16060171	荧光灯具 吸顶式 单管	套	60.000		

（续）

序号	材机编号	材机名称	单位	定额单价（元）	实际单价（元）	价差（元）
29.15	C16060172	荧光灯具 吸顶式 双管	套	80.000		
29.16	C16060173	荧光灯具 吸顶式 三管	套	100.000		
29.17	C16060174	荧光灯具 嵌入式 单管	套	85.000		
29.18	C16060175	荧光灯具 嵌入式 双管	套	95.000		
29.19	C16060176	荧光灯具 嵌入式 三管	套	120.000		
29.20	C16060177	荧光灯具 嵌入式 四管	套	160.000		
29.21	C16060181	混光灯 吊杆式	套	50.000		
29.22	C16060182	混光灯 吊链式	套	40.000		
29.23	C16060183	混光灯 嵌入式	套	50.000		
29.24	C16060184	密闭灯具 安全灯	套	200.000		
29.25	C16060185	密闭灯具 防爆灯	套	180.000		
29.26	C16060186	密闭灯具 高压水银防爆灯	套	310.000		
29.27	C16060187	密闭灯具 防爆荧光灯	套	130.000		
29.28	C16060188	诱导灯 吸顶式	套	230.000		
29.29	C16060189	诱导灯 吊杆式	套	250.000		
29.30	C16060190	诱导灯 墙壁式	套	220.000		
29.31	C16060191	诱导灯 嵌入式	套	220.000		
29.32	C16060192	隧道灯 吸顶敞开型	套	210.000		
29.33	C16060193	隧道灯 吸顶密封型	套	215.000		
29.34	C16060194	隧道灯 嵌入敞开型	套	220.000		
29.35	C16060195	隧道灯 嵌入密封型	套	225.000		
29.36	C16060265	烟塔标志灯	套	4800.000		
30	吊顶面层					
30.1	C11010906	PVC 条形天花板宽 180	m^2	16.700		

（续）

序号	材机编号	材机名称	单位	定额单价（元）	实际单价（元）	价差（元）
30.2	C11011031	矿棉板	m^2	31.600		
30.3	C08030101	胶合板三层（3mm）	m^2	12.600		
30.4	C08030102	胶合板五层（5mm）	m^2	19.700		
30.5	C11010801	铝塑板双面 1220×2440×3	m^2	74.800		
30.6	C11010501	铝合金扣板	m^2	68.800		
30.7	C11011002	轻质墙板 GRC90mm	m^2	51.800		
30.8	C11011003	轻质墙板 GRC120mm	m^2	71.300		
30.9	C11010903	石膏板 12mm	m^2	23.000		
30.10	C08030110	胶合饰面板（泰柚）	m^2	38.000		
30.11	C08030204	中密度板 18mm	m^2	33.600		
31	C07030201	球节点钢网架	t	6880.000		
32	C01031801	复合钛板	t	18500.000		
33	C16010501	钢绞线 12mm	kg	7.050		
34	C16110101	镀锌钢管构架	t	7700.000		
35	C09050372	混凝土离心杆	m^3	1510.000		
36	C10040103	石灰膏	m^3	120.000		
37	C10070101	标准砖 240×115×53	千块	290.000		
38	C10070201	黏土空心砖 240×115×115	千块	555.000		
39	C10070501	耐酸砖 230×113×65	块	1.200		
40	C10070521	泡沫玻化砖（烟囱）	m^2	700.000		
41	C17010101	轻质耐火砖 标准	块	1.700		
42	C09050541	单侧釉面轻质耐酸砖	块	2.380		
43	C18030200	橡胶密封圈 ϕ300 以下	个	5.000		

（续）

序号	材机编号	材机名称	单位	定额单价（元）	实际单价（元）	价差（元）
44	C18040722	挤塑聚苯乙烯板（XPS）20～100mm	m^3	385.000		
45	C18080701	塑料填料 PVC	kg	9.350		
46	C25060201	除水器	m^2	120.000		
47	C18090701	挡风抑尘板	m^2	135.000		
48	C19110101	氧气	m^3	5.890		
49	C19110201	乙炔气	m^3	10.500		
50	C10080311	沥青玻璃布油毡	m^2	5.750		
51	C10080321	玻纤胎改性沥青卷材（页岩片）4mm	m^2	27.900		
52	C22040452	土工膜	m^2	9.900		
53	C22010102	支撑钢管及扣件	kg	4.960		
54	C18090221	玻璃钢托架	m^2	147.000		
55	C11050611	卷闸电动装置	套	2400.000		
56	C17020203	矿棉毡	kg	2.500		
57	C17020302	岩棉板 120～160kg/m^3	m^3	420.000		
58	C17020503	玻璃鳞片	m^2	205.000		
59	C09041201	隔离剂	kg	1.960		
60	C10010101	中砂	m^3	56.500		
61	C10010401	粗砂	m^3	56.500		
62	C21010101	水	t	2.000		
63	C21020101	电	kW·h	0.650		
注：2013年版电力建设工程定额建筑工程材料价差调整的品种以该文件为准。						

附表 5

建筑工程施工机械价差调整表

单位：元

序号	机　械	规　格	单位	定额单价	实际单价	价差
1	履带式推土机	75kW	台班	609.40		
2	履带式推土机	105kW	台班	771.69		
3	履带式推土机	135kW	台班	955.31		
4	拖式铲运机	$3m^3$	台班	393.25		
5	轮胎式装载机	$2m^3$	台班	673.40		
6	履带式拖拉机	75kW	台班	565.50		
7	履带式单斗挖掘机（液压）	$1m^3$	台班	968.20		
8	光轮压路机（内燃）	12t	台班	379.11		
9	光轮压路机（内燃）	15t	台班	448.66		
10	振动压路机（机械式）	15t	台班	801.98		
11	振动压路机（液压式）	15t	台班	765.09		
12	轮胎压路机	9t	台班	367.00		
13	夯实机		台班	24.60		
14	液压锻钎机	11.25kW	台班	199.17		
15	磨钎机		台班	226.13		
16	履带式柴油打桩机	锤重　3.5t	台班	1146.87		
17	履带式柴油打桩机	锤重　7t	台班	2448.09		
18	履带式柴油打桩机	锤重　8t	台班	2542.41		
19	轨道式柴油打桩机	锤重　2.5t	台班	950.75		

（续）

序号	机　械	规　格	单位	定额单价	实际单价	价差
20	轨道式柴油打桩机	锤重　3.5t	台班	1305.96		
21	震动打拔桩机	40t	台班	901.42		
22	冲击成孔机		台班	334.47		
23	履带式钻孔机	ϕ700mm	台班	552.43		
24	履带式长螺旋钻孔机		台班	481.65		
25	液压钻机	XU-100	台班	131.10		
26	单重管旋喷机		台班	1124.08		
27	履带式起重机	25t	台班	708.01		
28	履带式起重机	40t	台班	1288.86		
29	履带式起重机	50t	台班	1780.48		
30	履带式起重机	60t	台班	2214.64		
31	履带式起重机	80t	台班	2860.30		
32	履带式起重机	100t	台班	4370.25		
33	履带式起重机	150t	台班	7376.20		
34	汽车式起重机	5t	台班	365.82		
35	汽车式起重机	8t	台班	532.59		
36	汽车式起重机	12t	台班	676.26		
37	汽车式起重机	16t	台班	838.83		
38	汽车式起重机	20t	台班	950.67		
39	汽车式起重机	25t	台班	1061.24		
40	汽车式起重机	30t	台班	1303.75		
41	汽车式起重机	50t	台班	3177.34		
42	龙门式起重机	10t	台班	348.34		
43	龙门式起重机	20t	台班	560.96		

（续）

序号	机　械	规　格	单位	定额单价	实际单价	价差
44	龙门式起重机	40t	台班	913.32		
45	塔式起重机	1500kN·m	台班	4600.00		
46	塔式起重机	2500kN·m	台班	5400.00		
47	自升式塔式起重机	3000t·m	台班	7942.26		
48	炉顶式起重机	300t·m	台班	1255.68		
49	载重汽车	5t	台班	288.62		
50	载重汽车	6t	台班	309.41		
51	载重汽车	8t	台班	363.01		
52	自卸汽车	8t	台班	470.06		
53	自卸汽车	12t	台班	640.17		
54	平板拖车组	10t	台班	517.87		
55	平板拖车组	20t	台班	791.70		
56	平板拖车组	30t	台班	946.95		
57	平板拖车组	40t	台班	1157.43		
58	机动翻斗车	1t	台班	117.48		
59	管子拖车	24t	台班	1430.23		
60	管子拖车	35t	台班	1812.39		
61	洒水车	4000L	台班	357.77		
62	电动卷扬机（单筒快速）	10kN	台班	98.95		
63	电动卷扬机（单筒慢速）	30kN	台班	107.78		
64	电动卷扬机（单筒慢速）	50kN	台班	116.18		
65	电动卷扬机（单筒慢速）	100kN	台班	184.07		

（续）

序号	机　械	规　格	单位	定额单价	实际单价	价差
66	电动卷扬机（单筒慢速）	200kN	台班	350.31		
67	电动卷扬机（双筒慢速）	50kN	台班	137.82		
68	双笼施工电梯	200m	台班	535.36		
69	灰浆搅拌机	400L	台班	79.75		
70	混凝土振捣器（平台式）		台班	19.92		
71	混凝土振捣器（插入式）		台班	13.96		
72	木工圆锯机	500mm	台班	25.27		
73	木工压刨床	刨削宽度　单面600mm	台班	36.98		
74	木工压刨床	刨削宽度　三面400mm	台班	83.42		
75	摇臂钻床	钻孔直径　50mm	台班	119.95		
76	剪板机	厚度×宽度　20mm×2000mm	台班	232.32		
77	剪板机	厚度×宽度　20mm×2500mm	台班	256.39		
78	剪板机	厚度×宽度　40mm×3100mm	台班	601.77		
79	钢筋弯曲机	40mm	台班	24.38		
80	型钢剪断机	500mm	台班	185.10		
81	弯管机	WC27～108	台班	79.40		
82	型钢调直机		台班	55.68		
83	卷板机	板厚×宽度　20mm×2000mm	台班	177.41		
84	卷板机	板厚×宽度　20mm×2500mm	台班	232.66		

（续）

序号	机　械	规　格	单位	定额单价	实际单价	价差
85	联合冲剪机	板厚　16mm	台班	263.27		
86	管子切断机	150mm	台班	42.74		
87	管子切断机	250mm	台班	52.71		
88	管子切断套丝机	159mm	台班	20.34		
89	电动煨弯机	100mm	台班	136.40		
90	钢板校平机	30mm×2600mm	台班	281.32		
91	刨边机	加工长度　12000mm	台班	607.95		
92	坡口机	630mm	台班	381.94		
93	电动单级离心清水泵	出口直径　150mm	台班	148.10		
94	电动单级离心清水泵	出口直径　200mm	台班	178.20		
95	电动多级离心清水泵	出口直径：100mm，扬程：120m 以下	台班	252.60		
96	电动多级离心清水泵	出口直径：150mm，扬程：180m 以下	台班	580.30		
97	电动多级离心清水泵	出口直径：200mm，扬程：280m 以下	台班	1446.40		
98	泥浆泵	出口直径　100mm	台班	265.60		
99	真空泵	抽气速度　204m^3/h	台班	113.72		
100	试压泵	25MPa	台班	72.26		
101	试压泵	30MPa	台班	73.03		
102	试压泵	80MPa	台班	85.80		
103	液压注浆泵	HYB50-50-Ⅰ型	台班	196.75		
104	井点喷射泵	喷射速度　40m^3/h	台班	158.37		
105	交流电焊机	21kV·A	台班	52.89		
106	交流电焊机	30kV·A	台班	72.94		

（续）

序号	机　械	规　格	单位	定额单价	实际单价	价差
107	对焊机	75kV·A	台班	108.30		
108	等离子切割机	电流　400A	台班	191.30		
109	氩弧焊机	电流　500A	台班	101.13		
110	半自动切割机	厚度　100mm	台班	78.49		
111	点焊机（短臂）	50kV·A	台班	85.80		
112	热熔焊接机	SHD-160C	台班	268.83		
113	逆变多功能焊机	D7-500	台班	145.30		
114	电动空气压缩机	排气量　$0.6m^3/min$	台班	91.61		
115	电动空气压缩机	排气量　$3m^3/min$	台班	175.09		
116	电动空气压缩机	排气量　$10m^3/min$	台班	408.05		
117	爬模机		台班	2000.00		
118	冷却塔曲线电梯	QWT60	台班	301.93		
119	冷却塔折臂塔式起重机	240t·m 以内	台班	1670.46		
120	轴流通风机	7.5kW	台班	38.50		
121	抓斗	$0.5m^3$	台班	120.10		
122	拖轮	125kW	台班	1014.39		
123	锚艇	88kW	台班	892.68		
124	超声波探伤机	CTS-22	台班	135.25		
125	悬挂提升装置	LXD-200	台班	209.50		
126	鼓风机	$30m^3/min$	台班	315.60		
127	挖泥船	$120m^3/h$	台班	2299.97		

附录I　关于进一步放开建设项目专业服务价格的通知

国家发展改革委关于进一步放开建设项目专业服务价格的通知

发改价格〔2015〕299号

国务院有关部门、直属机构，各省、自治区、直辖市发展改革委、物价局：

为贯彻落实党的十八届三中全会精神，按照国务院部署，充分发挥市场在资源配置中的决定性作用，决定进一步放开建设项目专业服务价格。现将有关事项通知如下：

一、在已放开非政府投资及非政府委托的建设项目专业服务价格的基础上，全面放开以下实行政府指导价管理的建设项目专业服务价格，实行市场调节价。

（一）建设项目前期工作咨询费，指工程咨询机构接受委托，提供建设项目专题研究、编制和评估项目建议书或者可行性研究报告，以及其他与建设项目前期工作有关的咨询等服务收取的费用。

（二）工程勘察设计费，包括工程勘察收费和工程设计收费。工程勘察收费，指工程勘察机构接受委托，提供收集已有资料、现场踏勘、制定勘察纲要，进行测绘、勘探、取样、试验、测试、检测、监测等勘察作业，以及编制工程勘察文件和岩土工程设计文件等服务收取的费用；工程设计收费，指工程设计机构接受委托，提供编制建设项目初步设计文件、施工图设计文件、非标准设备设计文件、施工图预算文件、竣工图文件等服务收取的费用。

（三）招标代理费，指招标代理机构接受委托，提供代理工程、货物、服务招标，编制招标文件、审查投标人资格，组织投标人踏勘现场并答疑，组织开标、评标、定标，以及提供招标前期咨询、协调合同的签订等服务收取的费用。

（四）工程监理费，指工程监理机构接受委托，提供建设工程施工阶段的质量、进度、费用控制管理和安全生产监督管理、合同、信息等方面协调管理等服务收取的费用。

（五）环境影响咨询费，指环境影响咨询机构接受委托，提供编制环境影响报告书、环境影响报告表和对环境影响报告书、环境影响报告表进行技术评估等服务收取的费用。

二、上述 5 项服务价格实行市场调节价后，经营者应严格遵守《价格法》、《关于商品和服务实行明码标价的规定》等法律法规规定，告知委托人有关服务项目、服务内容、服务质量，以及服务价格等，并在相关服务合同中约定。经营者提供的服务，应当符合国家和行业有关标准规范，满足合同约定的服务内容和质量等要求。不得违反标准规范规定或合同约定，通过降低服务质量、减少服务内容等手段进行恶性竞争，扰乱正常市场秩序。

三、各有关行业主管部门要加强对本行业相关经营主体服务行为监管。要建立健全服务标准规范，进一步完善行业准入和退出机制，为市场主体创造公开、公平的市场竞争环境，引导行业健康发展；要制定市场主体和从业人员信用评价标准，推进工程建设服务市场信用体系建设，加大对有重大失信行为的企业及负有责任的从业人员的惩戒力度。充分发挥行业协会服务企业和行业自律作用，加强对本行业经营者的培训和指导。

四、政府有关部门对建设项目实施审批、核准或备案管理，需委托专业服务机构等中介提供评估评审等服务的，有关评估评审费用等由委托评估评审的项目审批、核准或备案机关承担，评估评审机构不得向项目单位收取费用。

五、各级价格主管部门要加强对建设项目服务市场价格行为监管，依法查处各种截留定价权，利用行政权力指定服务、转嫁成本，以及串通涨价、价格欺诈等行为，维护正常的市场秩序，保障市场主体合法权益。

六、本通知自 2015 年 3 月 1 日起执行。此前与本通知不符的有关规定，同时废止。

国家发展改革委

2015 年 2 月 11 日

附录J 关于落实《国家发展改革委关于进一步放开建设项目专业服务价格的通知》（发改价格〔2015〕299号）的指导意见

关于落实《国家发展改革委关于进一步放开建设项目专业服务价格的通知》（发改价格〔2015〕299号）的指导意见

中电联定额〔2015〕162号

各有关单位：

为落实国家发展改革委"关于进一步放开建设项目专业服务价格的通知"（发改价格〔2015〕299号）中"全面放开实行政府指导价管理的建设项目专业服务价格（建设项目前期工作咨询费、工程勘察设计费、招标代理费、工程监理费和环境影响咨询费），实行市场调节价"等精神，规范电力工程建设预算的编制，应电力工程建设各参与方的要求，我站开展了深入调研收资、研究测算和征求意见，提出电力建设工程项目前期工作费等专业服务费用计列的指导意见（详见附件），现印发你们。

附件：电力建设工程项目前期工作费等专业服务费用计列的指导意见

中国电力企业联合会

2015年9月9日

附件

电力建设工程项目前期工作费等专业服务费用计列的指导意见

一、本指导意见适用于50MW～1000MW燃煤发电工程、燃气-蒸汽联合循环电站，35kV～1000kV交流输变电工程和±800kV及以下直流工程。西藏地区电力建设工程可参照本指导意见执行。

二、本指导意见具体包括四项费用，分别为项目前期工作费（含环境影响评价费）、勘察设计费、招标代理费和工程监理费。

三、本指导意见之外工程确需增减项目或调整费用，应根据有关规定和工程实际情况协商确定。

四、国家另有规定的费用及其计算标准，执行国家相关规定。

附录A：项目前期工作费计列的指导意见
附录B：勘察设计费计列的指导意见
附录C：招标代理费计列的指导意见
附录D：工程监理费计列的指导意见

附录A

项目前期工作费计列的指导意见

一、说明

（一）项目前期工作费是指项目法人在项目前期阶段进行分析论证、可行性研究、规划选址、方案设计、评审评价以取得国家行政主管部门核准所发生的费用。包括进行项目可行性研究设计、规划许可、土地预审、环境影响评价、劳动安全卫生预评价、地质灾害评价、地震灾害评价、水土保持方案编审、矿产压覆评估、林业规划勘测、文物普勘、节能评估、社会稳定风险评估等各项工作所发生的费用，以及分摊在本工程中的电力系统规划设计、接入系统设计的咨询费与设计文件评审费，开展前期工作所发生的实际管理费用等。

（二）本指导意见中的项目前期工作费未包括初步可行性研究设计文件评审费和可行性研究设计文件评审费。

（三）火力发电工程的项目前期工作费包括可行性研究费用、环境影响评价费用、建设项目规划选址费、水土保持方案编审费用、地质灾害危险性评估费用、地震安全性评价费用、文物调查费用、矿产压覆评估费用、用地预审费用、节能评估费用、社会稳定风险评估费用、使用林地可行性研究费用、安全卫生预评价费用、水资源论证费用及相应管理费用等15项费用。

（四）电网工程项目前期工作费用包括可行性研究费用、环境影响评价费用、建设项目规划选址费、水土保持方案编审费用、地质灾害危险性评估费用、地震安全性评价费用、文物调查费用、矿产压覆评估费用、用地预审费用、节能评估费用、社会稳定风险评估费用、使用林地可行性研究费用及相应管理费用等13项费用。

（五）本指导意见中费用的单位为“万元”。其中：火力发电工程是指每个电厂（站）的费用；变电站和换流站是指每个站的费用；输电线路工程按照线路长度“千米”进行累加计费。

二、费用内容和计费依据

（一）可行性研究费用

可行性研究费用是指项目法人或建设管理单位委托具备资质的咨询单位论证项目建设的可行性问题，进行可研勘察，选址、选线并取得相关支持性协议，确定工程建设规模、接入系统方案，评估项目建设投资的经济性，并编制可行性研究报告、核准申请报告等所发生的费用。

1. 火力发电工程

工程类型	容量等级	费用（万元）
燃煤发电工程	200MW	200～260
	300MW	300～400
	600MW	450～550
	1000MW	500～650
燃气-蒸汽联合循环电站	9E 级	180～250
	9F 级	200～350

注：1. 扩建工程参照以上费用的 50%～60%计取。
2. 预可研费用按不超过可研费的 50%计取，安排预可研的工程相应减少可研费用。
3. 根据工程方案论证难度，可取 0.8～1.2 的调整系数。
4. 根据工程新技术的应用情况，可取 1.0～1.2 的调整系数。
5. 非设计原因引起的方案重大调整，视原方案工作开展情况，增加费用按本费用乘以 0.2～0.5 的系数。
6. 其他容量等级发电机组可结合实际情况参照执行。

2. 电网工程

电压等级	工程类型	项目特征	费用（万元）
±800kV	换流站工程	含接地极及接地极线路	600～800
	直流输电线路工程	路径长度≤100km	300～400
		路径长度＞100km，每增加 1km	4
±660kV	换流站工程	含接地极及接地极线路	450～550
	直流输电线路工程	路径长度≤50km	120～180
		路径长度＞50km，每增加 1km	3
±500kV（±400kV）	换流站工程	含接地极及接地极线路	350～450
	直流输电线路工程	路径长度≤50km	100～150
		路径长度＞50km，每增加 1km	3

（续）

电压等级	工程类型	项目特征	费用（万元）
1000kV	变电站工程	—	350～500
	交流输电线路工程	路径长度≤100km	350～450
		路径长度＞100km，每增加 1km	5
750kV	变电站工程	—	150～250
	交流输电线路工程	路径长度≤50km	60～90
		路径长度＞50km，每增加 1km	2
500kV（330kV）	变电站工程	—	100～150
	交流输电线路工程	路径长度≤20km	30～40
		路径长度＞20km，每增加 1km	1.5
220kV	变电站工程	—	40～60
	交流输电线路工程	路径长度≤20km	20～30
		路径长度＞20km，每增加 1km	1.0
110kV（66kV）	变电站工程	—	15～40
	交流输电线路工程	路径长度≤20km	12～20
		路径长度＞20km，每增加 1km	0.5
35kV	变电站工程	—	5～20
	交流输电线路工程	路径长度≤10km	5～10
		路径长度＞10km，每增加 1km	0.2

注：1. 变电站扩建工程按扩建占新建工程的投资比例测算。
2. 串联补偿站工程按变电站工程费用取 0.6～0.8 的调整系数。
3. 输变电工程位于高海拔等特殊地区，可取 1.1～1.2 的调整系数。
4. 以上数据按单回线路测算，同塔双回线路可取 1.1～1.2 的调整系数，双回以上，每增加一回按单回的 5%增加费用。
5. 根据工程方案论证难度，可取 0.8～1.2 的调整系数。
6. 根据工程新技术的应用情况，可取 1.0～1.2 的调整系数。
7. ±500kV 及以下直流背靠背、柔性直流工程等，参照±500kV 直流工程计取。
8. 预可研费用按不超过可研费的 20%计取，安排预可研的工程相应减少可研费用。
9. 非设计原因引起的方案重大调整，视原方案工作开展情况，增加费用按本费用乘以 0.2～0.5 的系数。
10. 高清卫片辅助可行性研究咨询费，可根据实际情况增列费用。

（二）环境影响评价费用

环境影响评价费用是指项目法人或建设管理单位委托具备资质的咨询单位进行建设项目概况、周围环境现状、建设项目对环境可能造成影响的分析和预测，以及开展环境保护措施及其经济及技术论证、环境保护措施经济损益分析，并对建设项目实施环境监测的建设和环境影响进行评价所发生的费用。

1. 火力发电工程

工程类型	容量等级	费用（万元）
燃煤发电工程	200MW	120～150
	300MW	130～200
	600MW	160～250
	1000MW	200～300
燃气-蒸汽联合循环电站	9E 级	50～80
	9F 级	60～100
注：1. 若某项工程需进行专题环境影响特殊研究时（如工程经过自然保护区、风景名胜区等），其费用根据实际情况协商确定。 2. 工程涉及方案局部调整的，视原方案工作开展情况，增加费用按本费用乘以 0.2～0.6 的系数。 3. 其他容量等级发电机组可结合实际情况参照执行。		

2. 电网工程

电压等级	工程类型	项目特征	费用（万元）
±800kV	换流站工程	含接地极及接地极线路	65～75
	直流输电线路工程	路径长度≤100km	30～50
		路径长度＞100km，每增加 1km	0.4
±660kV	换流站工程	含接地极及接地极线路	55～65
	直流输电线路工程	路径长度≤50km	20～30
		路径长度＞50km，每增加 1km	0.3

（续）

电压等级	工程类型	项目特征	费用（万元）
±500kV（±400kV）	换流站工程	含接地极及接地极线路	50～60
	直流输电线路工程	路径长度≤50km	20～30
		路径长度＞50km，每增加1km	0.3
1000kV	变电站工程	—	40～50
	交流输电线路工程	路径长度≤100km	40～60
		路径长度＞100km，每增加1km	0.4
750kV	变电站工程	—	30～40
	交流输电线路工程	路径长度≤50km	15～25
		路径长度＞50km，每增加1km	0.35
500kV（330kV）	变电站工程	—	30～40
	交流输电线路工程	路径长度≤20km	15～20
		路径长度＞20km，每增加1km	0.35
220kV	变电站工程	—	10～15
	交流输电线路工程	路径长度≤20km	5～10
		路径长度＞20km，每增加1km	0.25
110kV（66kV）	变电站工程	—	5～8
	交流输电线路工程	路径长度≤20km	5～8
		路径长度＞20km，每增加1km	0.25

注：1. 若某项工程需进行专题环境影响特殊研究时（如工程经过自然保护区、风景名胜区等），其费用根据实际情况协商确定。

2. 开关站参照此费用；单独的串补站、间隔扩建、增容扩建、高抗扩建、母线扩建等工程按相应电压等级变电站工程费用乘以0.3～0.9的系数。

3. 若输电线路穿越环境敏感区，可乘以1.1～1.3的系数。

4. 两个基本平行走廊的线路工程，按以上费用乘以1.2～1.5的系数。

5. ±500kV及以下直流背靠背、柔性直流工程等，参照±500kV直流工程计取。

6. 工程涉及方案局部调整的，视原方案工作开展情况，增加费用按本费用乘以0.2～0.6的系数。

7. 汽车充换电站环评费用按110kV变电站乘以0.3～0.5的系数计算。

8. 35kV可结合实际情况参照执行。

（三）建设项目规划选址费

建设项目规划选址费是指项目法人或建设管理单位委托具备资质的咨询单位以每个选址选线方案为单元，开展选址选线方案的有关情况分析，编制和审查建设项目规划选址论证报告、取得选址意见书等工作所发生的费用。

1. 火力发电工程

工程类型	容量等级	费用（万元）
燃煤发电工程	200MW	5～10
	300MW	10～20
	600MW	15～30
	1000MW	20～40
燃气-蒸汽联合循环电站	9E 级	5～15
	9F 级	10～25
注：1. 涉及新增用地的扩建工程按以上费用的 60%～80%计取，厂内扩建工程不计取此项费用。 2. 其他容量等级发电机组可结合实际情况参照执行。		

2. 电网工程

电压等级	工程类型	项目特征	费用（万元）
±800kV	换流站工程	含接地极及接地极线路	20～30
	直流输电线路工程	路径长度≤100km	15～20
		路径长度＞100km，每增加 1km	0.3
±660kV	换流站工程	含接地极及接地极线路	20～30
	直流输电线路工程	路径长度≤50km	10～15
		路径长度＞50km，每增加 1km	0.2
±500kV（±400kV）	换流站工程	含接地极及接地极线路	20～30
	直流输电线路工程	路径长度≤50km	10～15
		路径长度＞50km，每增加 1km	0.2

（续）

电压等级	工程类型	项目特征	费用（万元）
1000kV	变电站工程	—	20～30
	交流输电线路工程	路径长度≤100km	15～20
		路径长度＞100km，每增加 1km	0.3
750kV	变电站工程	—	10～30
	交流输电线路工程	路径长度≤50km	7～15
		路径长度＞50km，每增加 1km	0.25
500kV（330kV）	变电站工程	—	10～30
	交流输电线路工程	路径长度≤20km	5～15
		路径长度＞20km，每增加 1km	0.25
220kV	变电站工程	—	10～20
	交流输电线路工程	路径长度≤20km	5～10
		路径长度＞20km，每增加 1km	0.15
110kV（66kV）	变电站工程	—	5～15
	交流输电线路工程	路径长度≤20km	3～10
		路径长度＞20km，每增加 1km	0.1
35kV	变电站工程	—	5～10
	交流输电线路工程	路径长度≤10km	3～10
		路径长度＞10km，每增加 1km	0.05

注：1. 涉及新增用地的扩建工程参照本费用的 50%～80%计取，站内扩建工程不计取此项费用。
2. 电缆工程根据需要增加地形图、电缆地下管线测量，费用为 1 万元～3 万元/km。
3. 两个基本平行走廊的线路工程，按以上费用乘以 1.2～1.5 的系数。
4. ±500kV 及以下直流背靠背、柔性直流工程等，参照±500kV 直流工程计取。

（四）水土保持方案编审费用

水土保持方案编审费用是指项目法人或建设管理单位

委托具备资质的咨询单位编制水土保持大纲及方案的费用以及对水土保持大纲及方案进行评审的费用。

1. 火力发电工程

工程类型	容量等级	费用（万元）
燃煤发电工程	200MW	20～40
	300MW	30～60
	600MW	60～80
	1000MW	60～100
燃气-蒸汽联合循环电站	9E 级	20～30
	9F 级	30～50

注：1. 涉及新增用地的扩建工程按照本费用的 40%～90%计取。
2. 若某项工程需进行专题水土保持特殊研究时，其费用根据实际情况协商确定。
3. 工程涉及方案局部调整的，视原方案工作开展情况，增加费用按本费用乘以 0.2～0.6 的系数。
4. 其他容量等级发电机组可结合实际情况参照执行。

2. 电网工程

电压等级	工程类型	项目特征	费用（万元）
±800kV	换流站工程	含接地极及接地极线路	45～55
	直流输电线路工程	路径长度≤100km	20～40
		路径长度＞100km，每增加 1km	0.4
±660kV	换流站工程	含接地极及接地极线路	35～45
	直流输电线路工程	路径长度≤50km	10～20
		路径长度＞50km，每增加 1km	0.3
±500kV（±400kV）	换流站工程	含接地极及接地极线路	30-40
	直流输电线路工程	路径长度≤50km	10～20
		路径长度＞50km，每增加 1km	0.3

（续）

电压等级	工程类型	项目特征	费用（万元）
1000kV	变电站工程	—	30～45
	交流输电线路工程	路径长度≤100km	20～40
		路径长度＞100km，每增加 1km	0.4
750kV	变电站工程	—	20～40
	交流输电线路工程	路径长度≤50km	10～20
		路径长度＞50km，每增加 1km	0.25
500kV（330kV）	变电站工程	—	15～35
	交流输电线路工程	路径长度≤20km	10～20
		路径长度＞20km，每增加 1km	0.25
220kV	变电站工程	—	10～20
	交流输电线路工程	路径长度≤20km	4～9
		路径长度＞20km，每增加 1km	0.2
110kV（66kV）	变电站工程	—	5～15
	交流输电线路工程	路径长度≤20km	3～6
		路径长度＞20km，每增加 1km	0.2
35kV	变电站工程	—	3～10
	交流输电线路工程	路径长度≤10km	2～3
		路径长度＞10km，每增加 1km	0.1

注：1. 涉及新增用地的扩建工程按照本费用的 40%～70%计取。
2. 若某项工程需进行专题水土保持特殊研究时，其费用根据实际情况协商确定。
3. ±500kV 及以下直流背靠背、柔性直流工程等，参照±500kV 直流工程计取。
4. 两个基本平行走廊的线路工程，按以上费用乘以 1.2～1.5 的系数。
5. 工程涉及方案局部调整的，视原方案工作开展情况，增加费用按本费用乘以 0.2～0.6 的系数。
6. 汽车充换电站参考 35kV 变电站费用。

（五）地质灾害危险性评估费用

地质灾害危险性评估费用是指项目法人或建设管理单

位委托具备资质的咨询单位对工程项目所在地及沿线的地质灾害活动程度、破坏损失情况进行评定估算及技术审查所发生的费用。

1．火力发电工程

<table>
<tr><th>工程类型</th><th>容量等级</th><th>费用（万元）</th></tr>
<tr><td rowspan="4">燃煤发电工程</td><td>200MW</td><td>10～20</td></tr>
<tr><td>300MW</td><td>15～25</td></tr>
<tr><td>600MW</td><td>20～30</td></tr>
<tr><td>1000MW</td><td>25～40</td></tr>
<tr><td rowspan="2">燃气-蒸汽联合循环电站</td><td>9E 级</td><td>5～10</td></tr>
<tr><td>9F 级</td><td>10～15</td></tr>
<tr><td colspan="3">注：1．不涉及新增用地的扩建工程不计此项费用。
2．如需进行岩土工程勘察，其费用根据实际情况协商确定。
3．根据地质复杂情况，可取 0.5～1.5 的调整系数。
4．其他容量等级发电机组可结合实际情况参照执行。</td></tr>
</table>

2．电网工程

<table>
<tr><th>电压等级</th><th>工程类型</th><th>项目特征</th><th>费用（万元）</th></tr>
<tr><td rowspan="3">±800kV</td><td>换流站工程</td><td>含接地极及接地极线路</td><td>30～40</td></tr>
<tr><td rowspan="2">直流输电线路工程</td><td>路径长度≤100km</td><td>15～25</td></tr>
<tr><td>路径长度＞100km，每增加 1km</td><td>0.3</td></tr>
<tr><td rowspan="3">±660kV</td><td>换流站工程</td><td>含接地极及接地极线路</td><td>25～35</td></tr>
<tr><td rowspan="2">直流输电线路工程</td><td>路径长度≤50km</td><td>8～15</td></tr>
<tr><td>路径长度＞50km，每增加 1km</td><td>0.25</td></tr>
<tr><td rowspan="3">±500kV（±400kV）</td><td>换流站工程</td><td>含接地极及接地极线路</td><td>20～30</td></tr>
<tr><td rowspan="2">直流输电线路工程</td><td>路径长度≤50km</td><td>8～12</td></tr>
<tr><td>路径长度＞50km，每增加 1km</td><td>0.25</td></tr>
</table>

（续）

电压等级	工程类型	项目特征	费用（万元）
1000kV	变电站工程	—	15～25
	交流输电线路工程	路径长度≤100km	15～25
		路径长度>100km，每增加 1km	0.3
750kV	变电站工程	—	12～20
	交流输电线路工程	路径长度≤50km	10～15
		路径长度>50km，每增加 1km	0.25
500kV（330kV）	变电站工程	—	10～18
	交流输电线路工程	路径长度≤20km	5～10
		路径长度>20km，每增加 1km	0.25
220kV	变电站工程	—	8～15
	交流输电线路工程	路径长度≤20km	3～5
		路径长度>20km，每增加 1km	0.15
110kV（66kV）	变电站工程	—	5～10
	交流输电线路工程	路径长度≤20km	2～3
		路径长度>20km，每增加 1km	0.15
35kV	变电站工程	—	3～8
	交流输电线路工程	路径长度≤10km	1～2
		路径长度>10km，每增加 1km	0.15
线路大跨越工程		项	10～15

注：1. 不涉及新增用地的变电站扩建工程不计此项费用。
2. 如需进行岩土工程勘察，其费用根据实际情况协商确定。
3. 根据地质复杂情况，可取 0.5～1.5 的调整系数。
4. 两个基本平行走廊的线路工程，按以上费用乘以 1.2～1.5 的系数。
5. ±500kV 及以下直流背靠背、柔性直流工程等，参照±500kV 直流工程计取。

（六）地震安全性评价费用

地震安全性评价费用是指项目法人或建设管理单位委托具备资质的咨询单位进行建设工程场址和场址周围地震地质环境的调查和对场地地震工程地质条件勘测，通过地震地质、地球物理、地震工程等多学科资料的综合评价和分析计算，按照工程类型、性质、重要性，科学合理地给出与工程抗震设防要求相应的地震动参数，以及场址的地震安全性评估结果等工作所发生的费用。

1. 火力发电工程

工程类型	容量等级	费用（万元）
燃煤发电工程	200MW	10～20
	300MW	15～30
	600MW	20～40
	1000MW	30～60
燃气-蒸汽联合循环电站	9E 级	10～20
	9F 级	15～25
注：1. 不涉及新增用地的扩建工程不计此项费用。 2. 根据地质复杂情况，可取 0.5～1.5 的调整系数。 3. 其他容量等级发电机组可结合实际情况参照执行。		

2. 电网工程

电压等级	工程类型	费用（万元）
±800kV	直流工程	20～40
±660kV（±500、±400kV）	直流工程	20～30
1000kV	交流工程	20～40
750kV	交流工程	15～35

（续）

电压等级	工程类型	费用（万元）
500kV（330kV）	交流工程	15～30
220kV	交流工程	15～25
线路大跨越工程		15 万～25 万元/项

注：1. 不涉及新增用地的扩建工程不计此项费用。
2. 根据地质复杂情况，可取 0.5～1.5 的调整系数。
3. 一般线路工程原则上不发生此项费用。
4. 110kV 及以下工程根据实际情况参照执行。
5. ±500kV 及以下直流背靠背、柔性直流工程等，参照±500kV 直流工程计取。

（七）文物调查费用

文物调查费用是指项目法人或建设管理单位委托文物部门或有资质的单位（文物考古机构）对工程所在地及沿线进行文物影响评估、文物调查等工作所发生的费用。

1. 火力发电工程

工程类型	容量等级	费用（万元）
燃煤发电工程	200MW	5～10
	300MW	8～15
	600MW	10～20
	1000MW	15～25
燃气-蒸汽联合循环电站	9E 级	5～10
	9F 级	10～15

注：1. 涉及新增用地的扩建工程按照本费用的 40%计取，不涉及新增用地的扩建工程不计此项费用。
2. 若需进行考古调查时，参考该费用计费，否则不予计费。
3. 如需进行考古勘探，其费用根据实际情况协商确定。
4. 其他容量等级发电机组可结合实际情况参照执行。

2. 电网工程

电压等级	工程类型	项目特征	费用（万元）
±800kV	换流站工程	含接地极及接地极线路	15～20
	直流输电线路工程	路径长度≤100km	10～20
		路径长度＞100km，每增加1km	0.05～0.15
±660kV（±500、±400kV）	换流站工程	含接地极及接地极线路	10～15
	直流输电线路工程	路径长度≤50km	8～12
		路径长度＞50km，每增加1km	0.05～0.15
1000kV	变电站工程	—	10～15
	交流输电线路工程	路径长度≤100km	15～20
		路径长度＞100km，每增加1km	0.05～0.15
750kV	变电站工程	—	8～12
	交流输电线路工程	路径长度≤50km	10～15
		路径长度＞50km，每增加1km	0.05～0.15
500kV（330kV）	变电站工程	—	5～12
	交流输电线路工程	路径长度≤20km	5～10
		路径长度＞20km，每增加1km	0.05～0.15
220kV	变电站工程	—	5～10
	交流输电线路工程	路径长度≤20km	3～10
		路径长度＞20km，每增加1km	0.05～0.15
110kV（66kV）	变电站工程	—	3～8
	交流输电线路工程	路径长度≤20km	3～8
		路径长度＞20km，每增加1km	0.05～0.15

（续）

电压等级	工程类型	项目特征	费用（万元）
35kV	变电站工程	—	3～5
	交流输电线路工程	路径长度≤10km	2～3
		路径长度>10km，每增加1km	0.05～0.15

注：1. 涉及新增用地的扩建工程按照本费用的40%计取，不涉及新增用地的扩建工程不计此项费用。
2. 若需进行考古调查时，参考该费用计费，否则不予计费。
3. 如需进行考古勘探，其费用根据实际情况协商确定。
4. 两个基本平行走廊的线路工程，按以上费用乘以1.2～1.5的系数。
5. ±500kV及以下直流背靠背、柔性直流工程等，参照±500kV直流工程计取。

（八）矿产压覆评估费用

矿产压覆评估费用是指项目法人或建设管理单位委托具备资质的咨询单位对工程建设项目用地范围内是否压覆矿产资源进行查询、统计估算与评估、调查评价与审查等工作所发生的费用。

1. 火力发电工程

工程类型	容量等级	费用（万元）
燃煤发电工程	200MW	5～10
	300MW	8～15
	600MW	10～25
	1000MW	20～35
燃气-蒸汽联合循环电站	9E级	5～15
	9F级	10～25

注：1. 不涉及新增用地的扩建工程不计此项费用。
2. 视压覆矿产情况，可取0.6～1.2的调整系数。
3. 如需开展矿产储量计算，其费用根据实际情况协商确定。
4. 其他容量等级发电机组可结合实际情况参照执行。

2. 电网工程

电压等级	工程类型	项目特征	费用（万元）
±800kV	换流站工程	含接地极及接地极线路	20～25
	直流输电线路工程	路径长度≤100km	15～20
		路径长度＞100km，每增加1km	0.2～0.4
±660kV（±500、±400kV）	换流站工程	含接地极及接地极线路	18～20
	直流输电线路工程	路径长度≤50km	10～15
		路径长度＞50km，每增加1km	0.2～0.3
1000kV	变电站工程	—	15～20
	交流输电线路工程	路径长度≤100km	6～10
		路径长度＞100km，每增加1km	0.2～0.3
750kV	变电站工程	—	10～15
	交流输电线路工程	路径长度≤50km	15～20
		路径长度＞50km，每增加1km	0.2～0.4
500kV（330kV）	变电站工程	—	10～12
	交流输电线路工程	路径长度≤20km	8～12
		路径长度＞20km，每增加1km	0.15～0.4
220kV	变电站工程	—	5～10
	交流输电线路工程	路径长度≤20km	5～8
		路径长度＞20km，每增加1km	0.1～0.4
110kV（66kV）	变电站工程	—	3～8
	交流输电线路工程	路径长度≤20km	4～8
		路径长度＞20km，每增加1km	0.1～0.3

（续）

电压等级	工程类型	项目特征	费用（万元）
35kV	变电站工程	—	3～5
	交流输电线路工程	路径长度≤10km	3～8
		路径长度＞10km，每增加 1km	0.1～0.3

注：1. 不涉及新增用地的扩建工程不计此项费用。
2. 视压覆矿产情况，可取 0.6～1.2 的调整系数。
3. 两个基本平行走廊的线路工程，按以上费用乘以 1.2～1.5 的系数。
4. 如需开展矿产储量计算，其费用根据实际情况协商确定。
5. ±500kV 及以下直流背靠背、柔性直流工程等，参照±500kV 直流工程计取。

（九）用地预审费用

用地预审费用是指在建设项目审批、核准、备案阶段，为向国土资源管理部门上报建设项目涉及的土地利用审查事项而发生的勘测定界、用地预审工作咨询（代理）等费用。

1. 火力发电工程

工程类型	容量等级	费用（万元）
燃煤发电工程	200MW	5～15
	300MW	10～20
	600MW	20～30
	1000MW	30～45
燃气-蒸汽联合循环电站	9E 级	5～15
	9F 级	10～25

注：1. 不涉及新增用地的扩建工程不计此项费用。
2. 若某项工程涉及调整土地利用总体规划等工作，其费用根据实际情况协商确定。
3. 其他容量等级发电机组可结合实际情况参照执行。

2. 电网工程

电压等级	工程类型	项目特征	费用（万元）
±800kV	换流站工程	含接地极及接地极线路	20～35
	直流输电线路工程	路径长度≤100km	15～30
		路径长度＞100km，每增加 1km	0.15～0.5
±660kV（±500、±400kV）	换流站工程	含接地极及接地极线路	15～25
	直流输电线路工程	路径长度≤50km	10～25
		路径长度＞50km，每增加 1km	0.1～0.5
1000kV	变电站工程	—	15～25
	交流输电线路工程	路径长度≤100km	20～30
		路径长度＞100km，每增加 1km	0.2～0.5
750kV	变电站工程	—	12～20
	交流输电线路工程	路径长度≤50km	15～25
		路径长度＞50km，每增加 1km	0.15～0.5
500kV（330kV）	变电站工程	—	8～20
	交流输电线路工程	路径长度≤20km	8～20
		路径长度＞20km，每增加 1km	0.1～0.5
220kV	变电站工程	—	5～15
	交流输电线路工程	路径长度≤20km	5～15
		路径长度＞20km，每增加 1km	0.1～0.3
110kV（66kV）	变电站工程		5～12
	交流输电线路工程	路径长度≤20km	5～12
		路径长度＞20km，每增加 1km	0.1～0.3

（续）

电压等级	工程类型	项目特征	费用（万元）
35kV	变电站工程	—	3～10
	交流输电线路工程	路径长度≤10km	3～5
		路径长度>10km，每增加 1km	0.1～0.3

注：1．不涉及新增用地的扩建工程不计此项费用。
2．两个基本平行走廊的线路工程，按以上费用乘以 1.2～1.5 的系数。
3．若某项工程涉及调整土地利用总体规划等工作，其费用根据实际情况协商确定。
4．±500kV 及以下直流背靠背、柔性直流工程等，参照±500kV 直流工程计取。

（十）节能评估费用

节能评估费用是指项目法人或建设管理单位委托具备资质的咨询单位根据节能法规、标准，对投资项目的能源利用是否科学合理进行分析评估等工作所发生的费用。通常包括节能评估报告编制费用与节能评估报告评审费用。

1．火力发电工程

工程类型	容量等级	费用（万元）
燃煤发电工程	200MW	15～25
	300MW	20～35
	600MW	25～40
	1000MW	30～50
燃气-蒸汽联合循环电站	9E 级	10～25
	9F 级	20～35

注：1．扩建工程根据本费用乘以 0.4～0.6 的调整系数。
2．其他容量等级发电机组可结合实际情况参照执行。

2. 电网工程

电压等级	工程类型	项目特征	费用（万元）
±800kV	换流站工程	含接地极及接地极线路	15～25
	直流输电线路工程	路径长度≤100km	8～15
		路径长度>100km，每增加 1km	0.05～0.1
±660kV（±500、±400kV）	换流站工程	含接地极及接地极线路	15～20
	直流输电线路工程	路径长度≤50km	5～10
		路径长度>50km，每增加 1km	0.05～0.1
1000kV	变电站工程	—	10～20
	交流输电线路工程	路径长度≤100km	10～20
		路径长度>100km，每增加 1km	0.05～0.1
750kV	变电站工程	—	5～15
	交流输电线路工程	路径长度≤50km	8～12
		路径长度>50km，每增加 1km	0.05～0.1
500kV（330kV）	变电站工程	—	5～12
	交流输电线路工程	路径长度≤20km	5～8
		路径长度>20km，每增加 1km	0.05～0.1
220kV	变电站工程	—	3～8
	交流输电线路工程	路径长度≤20km	3～6
		路径长度>20km，每增加 1km	0.01～0.05
110kV 及以下	变电站工程	—	2～5
	交流输电线路工程	路径长度≤20km	2～5
		路径长度>20km，每增加 1km	0.01～0.05

注：1. 扩建工程根据本费用乘以 0.4～0.6 的调整系数。
2. 两个基本平行走廊的线路工程，按以上费用乘以 1.2～1.5 的系数。
3. ±500kV 及以下直流背靠背、柔性直流工程等，参照±500kV 直流工程计取。

（十一）社会稳定风险评估费用

社会稳定风险评估费用是指项目法人或建设管理单位委托具备资质的咨询单位在与人民群众利益相关的重大工程建设项目组织实施或审批审核前，对可能影响社会稳定的因素开展系统的调查，并进行科学的预测、分析和评估，以及制定风险应对策略和预案等工作的费用。通常包括社会风险分析、评估报告编制费用与社会风险评估报告评审费用。

1. 火力发电工程

工程类型	容量等级	费用（万元）
燃煤发电工程	200MW	20～30
	300MW	30～40
	600MW	40～60
	1000MW	60～90
燃气-蒸汽联合循环电站	9E 级	20～30
	9F 级	30～40
注：1. 扩建工程不计列此项费用。 2. 其他容量等级发电机组可结合实际情况参照执行。		

2. 电网工程

电压等级	工程类型	项目特征	费用（万元）
±800kV	换流站工程	含接地极及接地极线路	20～30
	直流输电线路工程	路径长度≤100km	20～30
		路径长度>100km，每增加 1km	0.10～0.15
±660kV（±500、±400kV）	换流站工程	含接地极及接地极线路	20～30
	直流输电线路工程	路径长度≤50km	10～18
		路径长度>50km，每增加 1km	0.10～0.15

（续）

电压等级	工程类型	项目特征	费用（万元）
1000kV	变电站工程	—	20～30
	交流输电线路工程	路径长度≤100km	20～30
		路径长度>100km，每增加 1km	0.10～0.15
750kV	变电站工程	—	10～20
	交流输电线路工程	路径长度≤50km	10～18
		路径长度>50km，每增加 1km	0.10～0.15
500kV（330kV）	变电站工程	—	8～15
	交流输电线路工程	路径长度≤20km	8～10
		路径长度>20km，每增加 1km	0.05～0.10
220kV	变电站工程	—	8～12
	交流输电线路工程	路径长度≤20km	8～10
		路径长度>20km，每增加 1km	0.01～0.05
110kV 及以下	变电站工程	—	5～10
	交流输电线路工程	路径长度≤20km	5～10
		路径长度>20km，每增加 1km	0.01～0.05

注：1．扩建工程不计列此项费用。
2．两个基本平行走廊的线路工程，按以上费用乘以 1.2～1.5 的系数。
3．±500kV 及以下直流背靠背、柔性直流工程等，参照±500kV 直流工程计取。
4．若 500kV 及以上输变电工程需经过多个地级市，增加费用可根据工程实际情况协商确定。

（十二）使用林地可行性研究费用

使用林地可行性研究费用是指项目法人或建设管理单位委托具备资质的咨询单位进行工程项目使用林地可行性

研究工作所发生的费用。通常包括使用林地可行性研究报告编制费用与使用林地可行性研究报告评审费用。

1. 火力发电工程

<table>
<tr><th>工程类型</th><th>容量等级</th><th>费用（万元）</th></tr>
<tr><td rowspan="4">燃煤发电工程</td><td>200MW</td><td>5～10</td></tr>
<tr><td>300MW</td><td>10～15</td></tr>
<tr><td>600MW</td><td>15～25</td></tr>
<tr><td>1000MW</td><td>25～35</td></tr>
<tr><td rowspan="2">燃气-蒸汽联合循环电站</td><td>9E 级</td><td>5～15</td></tr>
<tr><td>9F 级</td><td>15～25</td></tr>
<tr><td colspan="3">注：1. 若某项工程需进行专题使用林地可行性特殊研究时（如工程经过自然保护区、风景名胜区等），其费用根据实际情况协商确定。
2. 其他容量等级发电机组可结合实际情况参照执行。</td></tr>
</table>

2. 电网工程

<table>
<tr><th>电压等级</th><th>工程类型</th><th>项目特征</th><th>费用（万元）</th></tr>
<tr><td rowspan="3">±800kV</td><td>换流站工程</td><td>含接地极及接地极线路</td><td>15～25</td></tr>
<tr><td rowspan="2">直流输电线路工程</td><td>路径长度≤100km</td><td>20～30</td></tr>
<tr><td>路径长度>100km，每增加 1km</td><td>0.3</td></tr>
<tr><td rowspan="3">±660kV</td><td>换流站工程</td><td>含接地极及接地极线路</td><td>15～20</td></tr>
<tr><td rowspan="2">直流输电线路工程</td><td>路径长度≤50km</td><td>10～18</td></tr>
<tr><td>路径长度>50km，每增加 1km</td><td>0.2</td></tr>
<tr><td rowspan="3">±500（±400kV）</td><td>换流站工程</td><td>含接地极及接地极线路</td><td>15～20</td></tr>
<tr><td rowspan="2">直流输电线路工程</td><td>路径长度≤50km</td><td>10～15</td></tr>
<tr><td>路径长度>50km，每增加 1km</td><td>0.15</td></tr>
<tr><td rowspan="3">1000kV</td><td>变电站工程</td><td>—</td><td>10～15</td></tr>
<tr><td rowspan="2">交流输电线路工程</td><td>路径长度≤100km</td><td>20～30</td></tr>
<tr><td>路径长度>100km，每增加 1km</td><td>0.3</td></tr>
</table>

（续）

电压等级	工程类型	项目特征	费用（万元）
750kV	变电站工程	—	8～12
	交流输电线路工程	路径长度≤50km	10～18
		路径长度＞50km，每增加 1km	0.2
500kV（330kV）	变电站工程	—	6～10
	交流输电线路工程	路径长度≤20km	10～15
		路径长度＞20km，每增加 1km	0.15
220kV	变电站工程	—	4～8
	交流输电线路工程	路径长度≤20km	5～10
		路径长度＞20km，每增加 1km	0.1
110kV（66kV）	变电站工程	—	3～5
	交流输电线路工程	路径长度≤20km	3～5
		路径长度＞20km，每增加 1km	0.1
35kV	变电站工程	—	2～3
	交流输电线路工程	路径长度≤10km	2～3
		路径长度＞10km，每增加 1km	0.05

注：若某项工程需进行专题使用林地可行性特殊研究时（如工程经过自然保护区、风景名胜区等），其费用根据实际情况协商确定。

（十三）安全卫生预评价费用

安全卫生预评价费用是指项目法人或建设管理单位委托具备资质的咨询单位在项目前期，对建设项目存在的危险、危害因素的种类和程度，进行预评价，提出明确的防范措施，并编制建设项目劳动安全卫生预评价大纲和劳动安全卫生预评价报告书的费用。

1. 火力发电工程

工程类型	容量等级	费用（万元）
燃煤发电工程	200MW	20～30
	300MW	30～40
	600MW	40～60
	1000MW	60～80
燃气-蒸汽联合循环电站	9E级	20～30
	9F级	30～40
注：1. 职业病危害预评价已包含在此项费用中。 2. 其他容量等级发电机组可结合实际情况参照执行。		

（十四）水资源论证费用

水资源论证费用是指对于直接从江河、湖泊或地下取水并需申请取水许可证的新建、改建、扩建的火电建设项目，项目法人或建设管理单位委托具备资质的咨询单位，进行项目取水水源论证、用水合理性论证、退（排）水情况及其对水环境影响分析等工作，并编制建设项目水资源论证报告书的费用。

1. 火力发电工程

工程类型	容量等级	费用（万元）
燃煤发电工程	200MW	15～25
	300MW	25～35
	600MW	35～45
	1000MW	45～55
燃气-蒸汽联合循环电站	9E级	15～20
	9F级	20～30
注：其他容量等级发电机组可结合实际情况参照执行。		

（十五）前期工作管理费用

前期工作管理费用是指项目法人或建设管理单位在开展工程项目前期工作时所发生的实际管理费用的总和。

1. 火力发电工程

工程类型	容量等级	费用（万元）
燃煤发电工程	200MW	30
	300MW	50
	600MW	60
	1000MW	80
燃气-蒸汽联合循环电站	9E 级	20
	9F 级	35
注：1．扩建工程根据本费用乘以 0.3～0.5 的调整系数。 2．其他容量等级发电机组可结合实际情况参照执行。		

2. 电网工程

电压等级	工程类型	费用（万元）
±800kV	直流工程	50
±660kV（±500、±400kV）	直流工程	40
1000kV	交流工程	50
750kV	交流工程	30
500kV（330kV）	交流工程	30
220kV	交流工程	20
110kV（66kV）	交流工程	10
35kV	交流工程	5
注：1．扩建工程根据本费用乘以 0.3～0.5 的调整系数。 2．若 500kV 及以上输变电工程经过多个地级市，每增加一个地级市在本费用基础上增加 5 万～10 万元。 3．±500kV 及以下直流背靠背、柔性直流工程等，参照±500kV 直流工程计取。 4．若为单独的变电站、换流站、输电线路工程，按本费用的 40%～60%执行。		

附录 B

勘察设计费计列的指导意见

一、勘察费

（一）说明

1．工程勘察收费，指工程勘察机构接受委托，提供收集已有资料、现场踏勘、制定勘察纲要，进行测绘、勘探、取样、试验、测试、检测、监测等勘察作业，以及编制工程勘察文件和岩土工程设计文件等服务收取的费用。

2．本节为电力工程勘察收费，包括火力发电工程和电网工程的初步设计和施工图设计阶段。

3．电力工程勘察收费按下列公式计算：

工程勘察收费＝工程勘察收费基价×实物工作量×附加调整系数

（二）电力工程勘察复杂程度划分

电力工程勘察复杂程度赋分值表　表 1.1

复杂程度	I		II		III		IV		V	
因素分类	因素	分值	因素	分值	因素	分值	因素	分值	因素	分值
地形	地形平坦或稍有坡度	1/1	地形起伏小，高差在≤20m的缓丘地区	3/3	地形起伏较大，高差在≤80m的重丘地区	6/6	地形起伏变化大，高差在≤150m的山区	10/10	地势起伏变化很大，高差在＞150m的山区	14/14
通视通行	地区开阔、通视良好；通行方便	1/10	高草、高农作物、树林、竹林隐蔽地区面积在	5/16	高草、高农作物、树林、竹林隐蔽地区面	8/22	高草、高农作物、树林、竹林隐蔽地区面积在	12/28	高草、高农作物、树林、竹林隐蔽地区面积在	16/36

（续）

复杂程度	Ⅰ		Ⅱ		Ⅲ		Ⅳ		Ⅴ	
因素分类	因素	分值	因素	分值	因素	分值	因素	分值	因素	分值
通视通行	的平原或草原	1/10	≤20%；有部分杂草和低农作物或比高较小的梯田地区	5/16	积在≤40%；容易通过的沼泽水网、高差较大的梯田地区	8/22	≤50%；沙漠、较难通行的水网、沼泽、较深的冲沟、石峰石林及难于通行的岩石露头地区	12/28	＞50%；岭谷险峻、地形切割剧烈、攀登艰难的山区、很难同行的沼泽、密集的荆棘灌木丛林区	16/36
地物	房屋、矿洞、地质勘探点（线）、沟坎、道路、水系、灌网及各种管线等面积≤5%	1/1	房屋、矿洞、地质勘探点（线）、沟坎、道路、水系、灌网及各种管线等面积≤10%	2/2	房屋、矿洞、地质勘探点（线）、沟坎、道路、水系、灌网及各种管线等面积≤25%	3/3	房屋、矿洞、地质勘探点（线）、沟坎、道路、水系、灌网及各种管线等面积≤40%	4/4	房屋、矿洞、地质勘探点（线）、沟坎、道路、水系、灌网及各种管线等面积＞40%	5/5
工程地质	地质构造简单、地层岩性单一（以Ⅰ类岩土为主）	5/2	地质构造、地层岩性较简单，不良地质及特殊地质现象极少（以Ⅱ类岩土为主）	15/5	地质构造、地层岩性较复杂，不良地质现象较发育，特殊地质现象较多（以Ⅲ类岩土为主）	25/8	地质构造复杂，地层岩性变化大，不良地质现象发育，特殊地质现象多（以Ⅳ类岩土为主）	35/11	地质构造很复杂，地层岩性种类繁多，变化复杂，不良地质、特殊地质现象规模大且复杂（以Ⅴ类岩土为主）	45/14

（续）

复杂程度	I		II		III		Ⅳ		V	
因素分类	因素	分值	因素	分值	因素	分值	因素	分值	因素	分值
水文气象	基础资料齐全；水文情势简单	1/1	基础资料较齐全，水文情势较简单	2/2	基础资料年限短；水文情势较复杂	3/3	基础资料较缺乏；水文情势复杂	4/4	基础资料缺乏；水文情势极其复杂	5/5
注：1．分子为发电和变电工程赋分值，分母为输电工程赋分值。 2．岩土分类和鉴定见国标《岩土工程勘察规范》。										

电力工程勘察复杂程度表　表 1.2

工程类别	复杂类别	I	II	III	Ⅳ	V
火电、变电	类别分值	9	18	35	52	73
输电		12	21	34	50	67

（三）火电工程勘察

火电工程勘察收费基价表　表 1.3

机组容量（MW）	项目	计费单位	收费基价（万元）				
			I	II	III	Ⅳ	V
1000	初设阶段	项	274.27	383.98	548.54	795.38	987.37
800			241.62	338.27	483.24	700.70	869.83
600			204.07	285.70	408.14	591.80	734.65
300			163.26	228.56	326.51	473.44	587.72
200			125.71	175.99	251.42	364.56	452.56
100			83.27	116.57	166.53	241.47	299.75
相应机组容量	施设阶段		收费基价与初设阶段相同				

（四）变电工程勘察

变电工程勘察收费基价表　表 1.4

电压等级（kV）	项目	计费单位	收费基价（万元）				
			Ⅰ	Ⅱ	Ⅲ	Ⅳ	Ⅴ
≥500	初设阶段	项	18.35	25.69	36.70	53.22	66.06
330			14.85	20.79	29.70	43.07	53.46
220			7.90	11.06	15.80	22.91	28.44
110			4.75	6.65	9.50	13.78	17.10
35			2.85	3.99	5.70	8.27	10.26
相应电压等级	施设阶段		收费基价为初设阶段的 0.8				

（五）火电、变电工程勘察收费附加调整系数表

火电、变电工程勘察收费附加调整系数表　表 1.5

序号	项目	工作内容		附加调整	备注
1	火电	安装一台机组		0.80	
2		每增加一台机组		1.35	
3		供热电厂		1.15	
4		两个水工系统		1.10	
5		扩建主厂房		0.67	
6		扩建水工系统	原规划容量内	0.15	
7			超过原规划容量新建	0.41	
8		扩建除贮灰系统	原规划容量内	0.24	收费基价为表 1.3 中 300MW
9			超过原规划容量新建	0.42	
10		灰坝高度超过 30m		1.05	
11		人工高边坡		1.10	
1	变电	人工高边坡		1.10	
2		换流站		1.80	
3		规划容量内扩建		0.30	
4		超过规划容量扩建		0.60	
5		测土壤电阻率及大地导电率		1.05	

（六）输电工程勘察

输电工程勘察收费基价表　表 1.6

序号	电压等级（kV）	项目	计费单位	收费基价（元）				
				Ⅰ	Ⅱ	Ⅲ	Ⅳ	Ⅴ
1	≥500	初步设计	km	1303	1902	2605	3777	4950
	330			1107	1615	2213	3209	4205
	220			651	950	1302	1888	2474
	110			495	723	990	1436	1881
2	相应电压等级	施设阶段		收费基价为初设阶段的 4.0				

输电工程勘察收费附加调整系数表　表 1.7

序号	工作内容	附加调整系数	备注
1	35kV 输电工程	0.43	收费基价为表 1.6 中 110kV 施设收费标准
2	全数字摄影测量系统优化路径	1.00	收费基价为表 1.6 中 110kV 初设收费标准
3	110kV、220kV 施设阶段分两次进行勘察	1.20	
4	重冰区		
5	稳定性评价		
6	增加塔基地形测量	1.15	
7	同塔双回路		
8	量测房屋分布	1.10	
9	测土壤电阻率及大地导电率	1.40	
10	隐蔽地区面积占线路长度＞60%	1.30	
11	初设阶段线路勘测长度超过方案设计长度 1.5 倍的部分，按输电工程相应收费标准收费		
12	线路路径长度不足 5km，按 5km 进行收费；5km 以上按实际长度计算；同一输变电工程中，多条 π 接或改接线路勘测半径在 5km 以内按线路累计长度计算。		

（七）其他规定

1．附加调整系数是对工程勘察的自然条件、作业内容和复杂程度差异进行调整的系数。附加调整系数为两个或者两个以上的，附加调整系数不能连乘。将各附加调整系数相加，减去附加调整系数的个数，加上定值 1，作为附加调整系数值。

2．在气温（以当地气象台、站的气象报告为准）≥35℃或者≤－10℃条件下进行勘察作业时，气温附加调整系数为1.2。

3．在海拔高程超过 2000m 地区进行工程勘察作业时，高程附加调整系数如下：

海拔高程 2000～3000m（含 3000m）为 1.1；

海拔高程 3000～3500m（含 3500m）为 1.2；

海拔高程 3500～4000m（含 4000m）为 1.3；

海拔高程 4000m 以上的，高程附加调整系数由发包人与勘察人协商确定。

4．应用海拉瓦航拍技术的输电线路工程，取消量测房屋分布及全数字摄影测量系统优化路径附加调整系数，相关费用按国家或行业相关规定在勘察费项目下单独计列。

5．建设项目工程勘察由两个或者两个以上勘察人承担的，其中对建设项目工程勘察合理性和整体性负责的勘察人，按照该建设项目工程勘察收费基准价的 5%加收主体勘察协调费。

6．若需进行电力工程勘察作业准备工作时，发生费用按以下方式计列：

工程勘察作业准备费＝工程勘察收费×工程勘察作业准备费比例

电力工程勘察作业准备费比例表　表 1.8

项目	火电工程		变电工程		输电工程	
机组容量/电压等级	≥300MW	＜300MW	≥330kV	＜330kV	≥330kV	＜330kV
比例（%）	15	17	20	23	17	20

二、设计费

（一）说明

1．工程设计收费，指工程设计机构接受委托，提供编制建设项目初步设计文件、施工图设计文件、非标准设备设计文件、施工图预算文件、竣工图文件等服务收取的费用。

电力工程设计费由基本设计费和其他设计费组成，按下式计算。

工程设计费＝基本设计费＋其他设计费

基本设计费是指在工程设计中提供编制初步设计文件、施工图设计文件收取的费用，并相应提供设计技术交底、解决施工中的设计技术问题、参加试车考核和竣工验收等服务。

其他设计费包括总体设计费、施工图预算编制费、竣工图编制费、非标准设备设计费等。

2．基本设计费计算按设计费计费额累进计费。

火力发电工程设计费计费额由建筑工程费计费额、设备购置费计费额、安装工程费计费额构成。

变电工程、换流站工程、电缆工程设计费计费额由建筑工程费计费额、设备购置费计费额、安装工程费计费额构成。

线路工程设计费计费额，按本体工程费计费额计取。

3．随着我国国产化设备的快速发展，制造业的生产技术不断革新，同时主要材料、设备价格随市场供需关系转变而波动，这些因素对设计费的计取带来很大影响。因此设计费计费额中的材料、设备价格统一执行《电力建设工程常用设备材料信息》（2013 年 7 月），未含的材料、设备按照 2013 年相关价格确定。

4．建筑安装工程费用按 2013 版电力建设工程定额和费用计算规定计取。

（二）基本设计收费标准

1．燃煤发电工程按照下表对设计费计费额进行分段累进计算基本设计费。

表 2.1

机组容量	设计费计费额区间（万元）	累进费率
1000MW	300000 以下（含 300000）	1.56%
	300000 至 400000 以下（含 400000）	1.40%
	400000 至 600000 以下（含 600000）	1.33%
	600000 至 800000 以下（含 800000）	1.28%
	800000 以上	1.24%
600MW（660MW）	200000 以下（含 200000）	1.42%
	200000 至 300000 以下（含 300000）	1.22%
	300000 至 450000 以下（含 450000）	1.21%
	450000 至 700000 以下（含 700000）	1.13%
	700000 以上	1.06%
300MW（350MW）	150000 以下（含 150000）	1.45%
	150000 至 250000 以下（含 250000）	1.27%
	250000 至 400000 以下（含 400000）	1.22%
	400000 至 600000 以下（含 600000）	1.15%
	600000 以上	1.10%
200MW	80000 以下（含 80000）	1.56%

表 2.1（续）

机组容量	设计费计费额区间（万元）	累进费率
200MW	80000 至 150000 以下（含 150000）	1.33%
	150000 至 300000 以下（含 300000）	1.25%
	300000 至 500000 以下（含 500000）	1.19%
	500000 以上	1.09%
150MW 及以下	80000 以下（含 80000）	1.56%
	80000 至 150000 以下（含 150000）	1.33%
	150000 至 250000 以下（含 250000）	1.27%
	250000 至 400000 以下（含 400000）	1.22%
	400000 以上	1.14%

2．燃气-蒸汽联合循环电厂工程按照下表对设计费计费额进行分段累进计算基本设计费。

表 2.2

机组容量	设计费计费额区间（万元）	累进费率
9F 级	200000 以下（含 200000）	1.90%
	200000 至 300000 以下（含 300000）	1.57%
	300000 至 450000 以下（含 450000）	1.55%
	450000 至 700000 以下（含 700000）	1.59%
	700000 以上	1.63%
9E 级	50000 以下（含 50000）	1.91%
	50000 至 100000 以下（含 100000）	1.65%
	100000 至 150000 以下（含 150000）	1.53%
	150000 至 300000 以下（含 300000）	1.46%
	300000 以上	1.39%

3．交流变电工程按照下表对设计费计费额进行分段累进计算基本设计费。

表 2.3

电压等级	设计费计费额区间（万元）	累进费率
1000kV	20000 以下（含 20000）	3.13%
	20000 至 50000 以下（含 50000）	2.64%
	50000 至 80000 以下（含 80000）	2.49%
	80000 至 140000 以下（含 140000）	2.31%
	140000 至 200000 以下（含 200000）	2.27%
	200000 以上	2.11%
750kV	4000 以下（含 4000）	4.40%
	4000 至 8000 以下（含 8000）	2.94%
	8000 至 30000 以下（含 30000）	2.63%
	30000 至 50000（含 50000）	2.52%
	50000 至 70000（含 70000）	2.34%
	70000 以上	2.26%
500kV	1000 以下（含 1000）	4.17%
	1000 至 5000（含 5000）	3.36%
	5000 至 17000（含 17000）	2.91%
	17000 至 25000（含 25000）	2.69%
	25000 至 40000（含 40000）	2.54%
	40000 以上	2.37%
330kV	800 以下（含 800）	3.80%
	800 至 3000（含 3000）	3.15%
	3000 至 10000（含 10000）	2.76%
	10000 至 20000（含 20000）	2.47%
	20000 至 30000（含 30000）	2.29%
	30000 以上	2.17%
220kV	500 以下（含 500）	4.01%
	500 至 2000（含 2000）	3.23%

表 2.3（续）

电压等级	设计费计费额区间（万元）	累进费率
220kV	2000 至 4500（含 4500）	2.98%
	4500 至 6500（含 6500）	2.78%
	6500 至 10000（含 10000）	2.69%
	10000 以上	2.43%
110kV	200 以下（含 200）	3.67%
	200 至 800（含 800）	3.08%
	800 至 1500（含 1500）	2.73%
	1500 至 2500（含 2500）	2.65%
	2500 至 4000（含 4000）	2.52%
	4000 以上	2.31%
66kV	100 以下（含 100）	4.59%
	100 至 800（含 800）	2.85%
	800 至 1500（含 1500）	2.59%
	1500 至 2500（含 2500）	2.53%
	2500 以上	2.03%
35kV	50 以下（含 50）	4.59%
	50 至 500（含 500）	3.05%
	500 至 1000（含 1000）	2.82%
	1000 至 2000（含 2000）	2.43%
	2000 以上	1.94%

4．直流换流站工程按照下表对设计费计费额进行分段累进计算基本设计费。

表 2.4

设计费计费额区间（万元）	累进费率
80000 以下（含 80000）	2.37%
80000 至 100000（含 100000）	2.09%

表 2.4（续）

设计费计费额区间（万元）	累进费率
100000 至 200000（含 200000）	1.99%
200000 至 400000（含 400000）	1.85%
400000 以上	1.48%

5．交直流架空线路按照下表对设计费计费额进行分段累进计算基本设计费。

表 2.5

电压等级	设计费计费额区间（万元）	累进费率
1000kV	300000 以下（含 300000）	2.42%
	300000 至 400000 以下（含 400000）	2.19%
	400000 以上	2.03%
±800kV	400000 以下（含 400000）	2.34%
	400000 至 600000 以下（含 600000）	2.05%
	600000 以上	1.30%
750kV	10000 以下（含 10000）	3.36%
	10000 至 30000（含 30000）	2.79%
	30000 至 60000（含 60000）	2.59%
	60000 至 90000（含 90000）	2.43%
	90000 以上	1.94%
500kV（±500kV）	4000 以下（含 4000）	3.69%
	4000 至 12000（含 12000）	3.08%
	12000 至 25000（含 25000）	2.81%
	25000 至 40000（含 40000）	2.68%
	40000 以上	2.15%
330kV	2000 以下（含 2000）	3.42%
	2000 至 8000（含 8000）	2.85%

表 2.5（续）

电压等级	设计费计费额区间（万元）	累进费率
330kV	8000 至 20000（含 20000）	2.54%
	20000 以上	2.03%
220kV	1000 以下（含 1000）	3.72%
	1000 至 5000（含 5000）	3.00%
	5000 至 15000（含 15000）	2.61%
	15000 以上	2.09%
110kV	500 以下（含 500）	3.41%
	500 至 2000（含 2000）	2.74%
	2000 至 6000（含 6000）	2.47%
	6000 以上	1.98%
66kV	400 以下（含 400）	3.45%
	400 至 1000（含 1000）	2.97%
	1000 至 1800（含 1800）	2.65%
	1800 以上	2.12%
35kV	200 以下（含 200）	3.67%
	200 至 600（含 600）	3.16%
	600 至 1000（含 1000）	2.92%
	1000 以上	2.34%

6．非隧道敷设电缆工程和隧道敷设电缆工程电气部分按照下表对设计费计费额进行分段累进计算基本设计费。

表 2.6

电压等级	设计费计费额区间（万元）	累进费率
500kV	2000 以下（含 2000）	3.76%
	2000 至 8000（含 8000）	3.14%
	8000 至 20000（含 20000）	2.79%

表 2.6（续）

电压等级	设计费计费额区间（万元）	累进费率
500kV	20000 以上	2.57%
220kV	1000 以下（含 1000）	3.91%
	1000 至 5000（含 5000）	3.15%
	5000 至 10000（含 10000）	2.84%
	10000 至 20000（含 20000）	2.64%
	20000 以上	2.46%
110kV及以下	1000 以下（含 1000）	3.72%
	1000 至 5000（含 5000）	3.00%
	5000 至 10000（含 10000）	2.71%
	10000 至 20000（含 20000）	2.52%
	20000 以上	2.34%

7. 新建隧道敷设电缆工程土建部分按照下表对设计费计费额进行分段累进计算基本设计费。

表 2.7

电压等级	设计费计费额区间（万元）	累进费率
500kV	12000 至 20000（含 20000）	2.531%
	20000 至 40000（含 40000）	2.353%
	40000 至 80000（含 80000）	2.188%
	80000 以上	2.093%
220 kV	1000 以下（含 1000）	3.259%
	1000 至 5000（含 5000）	2.627%
	5000 至 12000（含 12000）	2.320%
	12000 至 20000（含 20000）	2.201%
	20000 至 40000（含 40000）	2.047%
	40000 以上	1.903%

表 2.7（续）

电压等级	设计费计费额区间（万元）	累进费率
110 kV 及以下	1000 以下（含 1000）	2.770%
	1000 至 5000（含 5000）	2.233%
	5000 至 12000（含 12000）	1.971%
	12000 至 20000（含 20000）	1.871%
	20000 至 40000（含 40000）	1.740%
	40000 以上	1.617%

（三）其他设计收费

1．总体设计费按照该建设项目基本设计收费的 5%计列。

2．施工图预算编制费按照该建设项目基本设计收费的 10%计列。

3．竣工图编制费按照该建设项目基本设计收费的 8%计列。

4．非标准设备设计

非标准设备设计费＝非标准设备计费额×非标准设备设计费率

非标准设备计费额为非标准设备的初步设计概算。非标准设备设计费率在《非标准设备设计费率表》中查找确定。

非标准设备设计费率表　表 2.8

类别	非标准设备分类	费率（%）
一般	技术一般的非标准设备，主要包括： 1．单体设备类：槽、罐、池、箱、斗、架、台，常压容器、换热器、铅烟除尘、恒温油浴及无传动的简单装置； 2．室类：红外线干燥室、热风循环干燥室、浸漆干燥室、套管干燥室、极板干燥室、隧道式干燥室、蒸汽硬化室、油漆干燥室、木材干燥室	10～13
较复杂	技术较复杂的非标准设备，主要包括： 1．室类：喷砂室、静电喷漆室； 2．炉类：冷、热风冲天炉、加热炉、反射炉、室式加热炉、空气循环炉、电炉；	13～16

表 2.8（续）

类别	非标准设备分类	费率（%）
较复杂	3．塔器类：Ⅰ、Ⅱ类压力容器、换热器、通信铁塔； 4．自动控制类：屏、柜、台、箱等电控、仪控设备，电力拖动、热工调节设备； 5．通用类：余热利用、精铸、热工、除渣、喷煤、喷粉设备、压力加工、钣材、型材加工设备，喷完强化机、清洗机； 6．试验类：中小型模拟试验设备	13～16
复杂	技术复杂的非标准设备，主要包括： 1．室类：屏蔽室、屏蔽暗室； 2．炉类：闪速炉、专用电炉、单晶炉、多晶炉、沸腾炉、反应炉、裂解炉、大型复杂的热处理炉、炉外真空精炼设备； 3．塔器类：Ⅲ类压力容器、反应釜、真空罐、喷雾干燥塔、高温高压设备、天馈线设备； 4．通用类：特种起重机、特种升降机、高货位立体仓储设备、胶结固化装置、电镀设备； 5．环保类：环境污染防治、消炎除尘、回收装置； 6．试验类：大型模拟试验设备、风洞高空台、模拟环境试验设备	16～20
注：1．新研制并首次投入工业化生产的非标设备，乘以 1.3 的调整系数计算收费。 2．多台（套）相同的非标设备，自第二台（套）起乘以 0.3 的调整系数计算收费。		

（四）其他规定

1．工程系统研究及成套设计包括编制功能规范书、系统研究、编写设备成套设计书和设备采购规范等内容，其收费标准按合同金额计取。

2．改扩建和技术改造建设项目，附加调整系数为 1.1～1.4。

3．通信工程可参照变电站基本设计费计算收费，计费额低于 50 万的通信工程按 50 万计取。

4．工程设计中采用设计人自有专利或者专有技术的，其专利和专有技术收费由发包人与设计人协商确定。

5．工程设计中采用标准设计或者复用设计的，按照同类新建项目基本设计收费的30%计算收费；需要重新进行基础设计的，按照同类新建项目基本设计收费的40%计算收费；需要对原设计做局部修改的，由发包人和设计人根据设计工作量协商确定工程设计收费。

6．建设项目工程设计由两个或者两个以上设计人承担的，其中对建设项目工程设计合理性和整体性负责的设计人，按照该建设项目基本设计收费的5%加收工程设计协调费。

7．工程设计中的引进技术需要境内设计人配合设计的，或者需要按照境外设计程序和技术质量要求由境内设计人进行设计的，工程设计收费由发包人与设计人根据实际发生的设计工作量，参照本标准协商确定。

附录C

招标代理费计列的指导意见

一、说明

招标代理费是指招标代理机构接受委托，提供代理工程、货物、服务招标，编制招标文件、审查投标人资格，组织投标人踏勘现场并答疑，组织开标、评标、定标，以及提供招标前期咨询、协调合同签订等服务收取的费用。

二、计费依据

（一）火力发电工程

招标代理费＝（建筑工程费＋安装工程费
＋设备购置费）×费率（见表1）

表 1　火力发电工程招标代理费费率

工程类别	燃煤发电			燃气-蒸汽联合循环电站
	300MW 及以下	600MW 以下	1000MW 以下	
费率（%）	0.19	0.16	0.13	0.14

（二）电网工程

招标代理费=取费基数×费率（见表 2）

表 2　电网工程招标代理费费率

工程类别	取费基数	电压等级（kV）及费率（%）		
		220 及以下	500 及以下	750 及以上
变电	建筑工程费＋安装工程费	1.37	1.05	0.93
架空线路	安装工程费	0.17	0.13	0.09
电缆线路	建筑工程费＋安装工程费	0.74		
系统通信	建筑工程费＋安装工程费＋设备购置费	0.20		
注：对于输电线路工程，当线路长度超过 500km 时，超过部分每增加 100km，费率乘以 0.92 系数。				

附录 D

工程监理费计列的指导意见

一、说明

本费用标准中的工程监理费是指依据国家有关规定和规程规范要求，项目法人委托工程监理机构对建设项目全过程实施监理所支付的费用。工程建设监理费用各阶段的参考比例为：勘察阶段 3%，设计阶段 10%，施工阶段 85%，保修阶段 2%。

表 1　项目全过程监理的工作范围

服务阶段	主要工作内容	备注
勘察阶段	协助业主编制勘察要求、选择勘察单位，核查勘察方案并监督实施和进行相应的控制，参与验收勘察成果	具体内容按照国家、行业有关规范、规定执行
设计阶段	协助业主编制设计要求、选择设计单位，组织评选设计方案，对各设计单位进行协调管理，监督合同履行，审查设计进度计划并监督实施，核查设计大纲和设计深度、使用技术规范合理性，提出设计评估报告（包括各阶段设计的核查意见和优化建议），协助审核设计概算	具体内容按照国家、行业有关规范、规定执行
施工阶段	施工过程中的质量、进度、费用控制，安全生产监督管理，合同、信息管理及现场协调	具体内容按照国家、行业规范和规定执行
保修阶段	检查和记录工程质量缺陷，对缺陷原因进行调查分析并确定责任归属，审核修复方案，监督修复过程并验收，审核修复费用	

二、计费依据

（一）计费方法

1. 火力发电工程

工程监理费＝取费基数×费率（见表 2、表 3）

表 2　燃煤发电工程监理费费率

工程类别	取费基数	单机容量	建设规模	费率（%）
燃煤发电工程	建筑工程费＋安装工程费	50MW	两台	1.31～1.34
			两台以上	1.05～1.07
		125MW	两台	1.19～1.22
			两台以上	0.96～0.97
		200MW	两台	1.07～1.10
			两台以上	0.86～0.88
		300MW	两台	1.01～1.03
			两台以上	0.81～0.82

表 2（续）

工程类别	取费基数	单机容量	建设规模	费率（%）
燃煤发电工程	建筑工程费＋安装工程费	600MW	两台	0.93～0.95
			两台以上	0.74～0.75
		1000MW	两台	0.79～0.81
			两台以上	0.63～0.64

表 3　燃气-蒸汽联合循环电厂工程监理费费率

工程类别	取费基数	本期建设容量	费率（%）
燃气-蒸汽联合循环电厂	建筑工程费＋安装工程费	100MW 以下	1.29～1.32
		200MW 以下	1.10～1.12
		400MW 以下	0.98～1.00
		800MW 以下	0.93～0.95

2. 电网工程

变电站（开关站）、串补站、换流站、电缆线路、系统通信工程监理费＝取费基数×费率（见表 4）

架空线路工程监理费根据线路长度按照表 5 规定计算。

表 4　变电站、串补站、换流站、电缆线路、系统通信工程监理费费率

工程类别	取费基数	电压等级（kV）	费率（%）
变电、串补、换流站	建筑工程费＋安装工程费	35	5.88～5.91
		110	4.88～4.91
		220	4.10～4.12
		330	3.77～3.79
		500	3.55～3.56
		750	3.29～3.31

表 4（续）

工程类别	取费基数	电压等级（kV）	费率（%）
变电、串补、换流站	建筑工程费＋安装工程费	1000	2.77～2.78
		±500	3.33～3.34
		±800	2.59～2.61
电缆线路	建筑工程费＋安装工程费	不区分电压等级	2.71～2.73
系统通信	建筑工程费＋安装工程费＋设备购置费	不区分电压等级	1.53～1.55

表 5　架空线路工程监理费费率

工程类别	电压等级（kV）	回路	费用（万元/km）
架空线路工程	35	单回路	0.64～0.65
		同杆（塔）双回	0.77～0.78
	110	单回路	0.73～0.74
		同杆（塔）双回	0.92～0.93
	220	单回路	1.22～1.23
		同杆（塔）双回	1.54～1.55
	330	单回路	1.55～1.57
		同杆（塔）双回	1.93～1.94
	500	单回路	1.85～1.87
		同杆（塔）双回	2.46～2.47
	750	单回路	2.41～2.43
		同杆（塔）双回	3.17～3.19
	1000	单回路	2.88～2.90
		同杆（塔）双回	3.78～3.81
	±500	单回路	1.79～1.80
		同杆（塔）双回	2.10～2.38
	±800	单回路	2.29～2.31

（二）相关说明

1．火力发电工程

（1）燃煤发电工程新建、扩建一台按两台费率乘以 1.1 系数。

（2）成套进口设备项目，乘 1.1 系数。

（3）外方独资项目监理费可参照国际惯例。

2．电网工程

（1）35kV 及以上箱式变电站按每站 1.51 万～3.52 万元计列。

（2）架空线路工程部分：线路长度不足 5km 的按 5km 计算，单项工程线路长度按本期相同电压等级总长度计算；费用按平地、丘陵地形考虑，河网泥沼、沙漠、一般山地乘 1.1 系数，高山乘 1.2 系数，峻岭乘 1.3 系数；大跨越工程，按安装工程费的 2.55%计算；穿越城区的电网工程，可根据施工难度乘 1.1～1.2 系数；高海拔地区、酷热地区乘 1.1～1.3 系数；当线路长度超过 500km 时，超过部分每增加 100km，乘 0.92 系数；双回以上的多回路线路，以同杆（塔）双回为基础，每增加一回，按照同电压等级单回线路计费标准的 20%增加。